In situ-Hybridisierung

In der Reihe „Labor im Fokus"
sind außerdem erschienen:

Weitere Titel in Vorbereitung.

A. R. Leitch, T. Schwarzacher
D. Jackson und I. J. Leitch

In situ-
Hybridisierung

Aus dem Englischen übersetzt
von Beate Bettenhausen

Spektrum Akademischer Verlag Heidelberg · Berlin · Oxford

Originaltitel: *In Situ* Hybridization: A Practical Guide
Aus dem Englischen übersetzt von Beate Bettenhausen

Englische Originalausgabe bei BIOS Scientific Publishers Limited, Oxford
© Bios Scientific Publishers Limited, 1994

Die Deutsche Bibliothek – CIP-Einheitsaufnahme

***In Situ*-Hybridisierung** / A. R. Leitch … aus dem Engl. übers. von Beate Bettenhausen. –
Heidelberg ; Berlin ; Oxford : Spektrum, Akad. Verl., 1994
  (Reihe Labor im Fokus)
  Einheitssacht.: In situ hybridization <dt.>
  ISBN 3-86025-225-9
NE: Leitch, A. R. ; Bettenhausen, Beate [Hrsg.]; EST

Es konnten nicht sämtliche Rechteinhaber von Abbildungen ermittelt werden.
Sollte dem Verlag gegenüber der Nachweis der Rechteinhaberschaft geführt werden,
wird das branchenübliche Honorar nachträglich gezahlt.

Lektorat: Ursula Loos, Sebastian Vogel
Redaktion: Kurt Beginnen
Produktion: Myriam Nothacker
Umschlaggestaltung: Zembsch' Werkstatt, München
Satz: Kühn & Weyh, Freiburg
Druck und Verarbeitung: Franz Spiegel Buch GmbH, Ulm

Geschützte Waren- und Gebrauchsnamen sich *nicht* besonders gekennzeichnet.
Das Fehlen eines entsprechenden Hinweises berechtigt jedoch nicht zu der Annahme,
daß es sich um freie Warenzeichen handelt.

Inhalt

Vorwort

Die *in situ*-Hybridisierung ist eine aussagekräftige Methode, die die Möglichkeit eröffnet, Nucleinsäuresonden in Geweben, Zellen, Zellkernen und Chromosomen sichtbar zu machen. Damit läßt sich eine Nucleinsäure gewissermaßen *in vivo* lokalisieren. Dieses Buch wendet sich an Wissenschaftler, die Theorie und Praxis der *in situ*-Hybridisierung kennenlernen wollen. Es ist auch für den erfahrenen Leser bestimmt, der gewohnte Methoden variieren will oder neue Untersuchungsverfahren sucht.

Verschiedenartige Techniken der *in situ*-Hybridisierung (wie zum Beispiel die Fluoreszenz-*in situ*-Hybridisierung, FISH) werden vorgestellt. Ein Überblick am Anfang des Buches zeigt, auf welchen Gebieten *in situ*-Hybridisierungen wichtige Beiträge geleistet haben. Der Ablauf der *in situ*-Hybridisierungsreaktion wird dann kapitelweise detailliert beschrieben. Der Leser erfährt, welche verschiedenen Möglichkeiten er jeweils hat und wie er etwa Ganzkörperpräparate oder Zellspreitungen, Nachweissysteme mit Fluoreszenzfarbstoffen oder mit kolloidalem Gold, licht- oder elektronenmikroskopische Untersuchungen einsetzen kann.

In zunehmendem Maße wird die *in situ*-Hybridisierung eingesetzt, um physikalische Chromosomenkarten zu erstellen und die Struktur von Chromosomen und Genomen zu analysieren. Bedeutung hat diese Technik auch für Untersuchungen räumlicher und zeitlicher Expressionsmuster von Genen erlangt. *In situ*-Hybridisierungen eignen sich zur Identifizierung und Charakterisierung viraler und bakterieller Sequenzen, zur Geschlechtsbestimmung, für die Lokalisierung transformierender Sequenzen und die Analyse von Neurotransmittertranskripten. Mit dieser Technik lassen sich nicht nur grundlegende biologische Fragen angehen; *in situ*-Hybridisierungen spielen auch bei medizinischen Diagnosen und Pflanzenzüchtungsprogrammen eine wichtige Rolle.

Dieses Buch basiert auf einem Austauschprogramm des Jahres 1991 mit China, das von der Royal Society und dem British Council gefördert wurde. Im Rahmen des Programms sollten Theorie und Praxis der *in situ*-Hybridisierung in der landwirtschaftlichen Akademie von Nanking gelehrt werden.

Die für diesen Zweck entwickelten Arbeitsvorschriften, die sich problemlos nach China übertragen ließen, bilden die Grundlage dieses Buches. Wir sind zuversichtlich, daß sich die nochmals auf den neuesten Stand gebrachten Protokolle auch in anderen Laboratorien bewähren werden.

Danksagung

Viele der in diesem Buch beschriebenen Protokolle und Methoden sind in der Karyobiologiegruppe unter Leitung von Dr. J. S. (Pat) Heslop-Harrison entwickelt worden. Wir schulden Pat für seine Unterstützung und seinen Einsatz während der Arbeit großen Dank. Unser Dank gilt außerdem Dr. K. Anamthawat-Jónsson, Dr. G. Coulton und M. Shi für ihre hilfreichen Kommentare. Wir danken BP, Venture Research International und dem AFRC für die Förderung der Forschungsprojekte, die zu diesen Protokollen geführt haben. Boehringer Mannheim, Amersham International plc, British Biocell International und Cambio haben freundlicherweise die Veröffentlichung dieses Buches unterstützt.

Abkürzungen

AAF	2-Acetylaminofluoren
AEC	3-Amino-9-ethylcarbazol
AMCA	7-Amino-4-methylcumarin-3-essigsäure
APAAP	alkalische Phosphatase-Anti-alkalische Phosphatase
APES	3-Aminopropyl-triethoxysilan
BCIP	5-Brom-4-chlor-3-indolylphosphat
BSA	Rinderserumalbumin
BrdU	5-Brom-2′-desoxyuridin
bp	Basenpaar
CBS	dichromatischer Teilerspiegel
CCD	ladungsgekoppelter Bildsensor
CISS	chromosomale *in situ*-Suppressionshybridisierung
cM	Centimorgan
DAB	3,3′-Diaminobenzidin
DAPI	4′,6-Diamidin-2-phenylindol
DEPC	Diethylpyrocarbonat
Dnp	Dinitrophenol
dNTP	Desoxynucleosidtriphosphat
EBV	Epstein-Barr-Virus
EM	Elektronenmikroskopie
FITC	Fluoresceinisothiocyanat
HRPO	Meerrettichperoxidase
HTLV-1	menschliches Immunschwächevirus Typ 1
kbp	Kilobasenpaar
LINEs	*long interspersed elements*
LM	Lichtmikroskopie
Mbp	Megabasenpaar
MW	Molekulargewicht
N-Aco-AAF	*N*-Acetoxy-2-acetylaminofluoren
NBT	4-Nitroblautetrazoliumchlorid
NTP	Nucleosidtriphosphat

PAP	Peroxidase-Anti-Peroxidase
PBS	phosphatgepufferte Saline
PCR	Polymerasekettenreaktion
PI	Propidiumiodid
PRINS	*primed in situ*-Markierung
rDNA	ribosomale DNA
RFLP	Restriktionsfragment-Längenpolymorphismus
SDS	Natriumdodecylsulfat
SINEs	*short interspersed elements*
TdT	Terminale Desoxynucleotidyltransferase
TEM	Transmissionselektronenmikroskopie
*T*m	Schmelztemperatur
Tnp	Trinitrophenol
TRITC	Tetramethylrhodaminisothiocyanat
YAC	künstliches Hefechromosom

1.

In situ-Hybridisierung: Eine Einführung

1.1 Überblick

Die *in situ*-Hybridisierung ist überaus nützlich, um DNA- als auch RNA-Sequenzen in Geweben, Zellen und intrazellulären Strukturen bis hin zu einzelnen Chromosomen zu lokalisieren. Im Gegensatz zur Nucleinsäureanalyse durch eine Southern- oder Northern-Blot-Hybridisierung wird bei dieser Technik das Hybridisierungssignal nicht auf einer festen Trägermembran, sondern direkt im biologischen Präparat (*in situ*) sichtbar.

Aufgrund solcher Nachweisverfahren für Nucleinsäuren lassen sich 1) physikalische Karten von Chromosomen erstellen, 2) Chromosomenstrukturen und deren Abweichungen analysieren, 3) Struktur, Funktion und Evolution von Chromosomen und Genomen untersuchen, 4) die räumliche und zeitliche Expression von Genen bestimmen, 5) Viren, virale Sequenzen und Bakterien in Geweben identifizieren und charakterisieren, 6) Geschlechtsbestimmungen vornehmen, 7) transformierende Sequenzen und Onkogene lokalisieren und 8) die Expression von Neurotransmittern analysieren. Die Methode der *in situ*-Hybridisierung trägt zur Aufklärung grundlegender biologischer Fragen bei; sie eignet sich darüber hinaus auch für die medizinische Forschung und Diagnose sowie für Pflanzenzüchtungsprogramme.

Zum Verständnis der *in situ*-Hybridisierung sind Kenntnisse in Molekularbiologie, Genetik, Immunchemie und Histochemie erforderlich. Die wichtigsten Arbeitsschritte sind in Abbildung 1.1 dargestellt. Zuerst präpariert man das biologische Material und markiert durch Einbau eines radioaktiven oder nichtradioaktiven Markers eine Nucleinsäuresequenz. Sowohl diese Sonde als auch das biologische Material werden anschließend denaturiert, damit alle Nucleinsäuren einzelsträngig vorliegen. Unter kontrollierten experimentellen Bedingungen hybridisiert dann die einzelsträngige Sonde mit einer komplementären einzelsträngigen Nucleinsäuresequenz des biologischen Präparats. Das neu gebildete doppelsträngige Molekül läßt sich aufgrund seiner Markierung nachweisen und die Stelle, an der die Hybridisierung stattgefunden hat, durch mikroskopische Verfahren sichtbar machen; die Nachweismethode hängt von der Markierung der Sonde ab.

1.2 Ziel des Buches

Das vorliegende Buch soll umfassend über theoretische Grundlagen, Techniken und Anwendungen der *in situ*-Hybridisierung informieren. In Kapitel 2 werden die wichtigsten Gruppen von DNA- und RNA-Sequenzen vorgestellt, die bereits durch *in situ*-Hybridisierung lokalisiert werden konnten. Die Kapitel 3 bis 7 befassen sich mit Theorie und Bedeutung der einzelnen Schritte einer *in situ*-Hybridisierung (Abbildung 1.1).

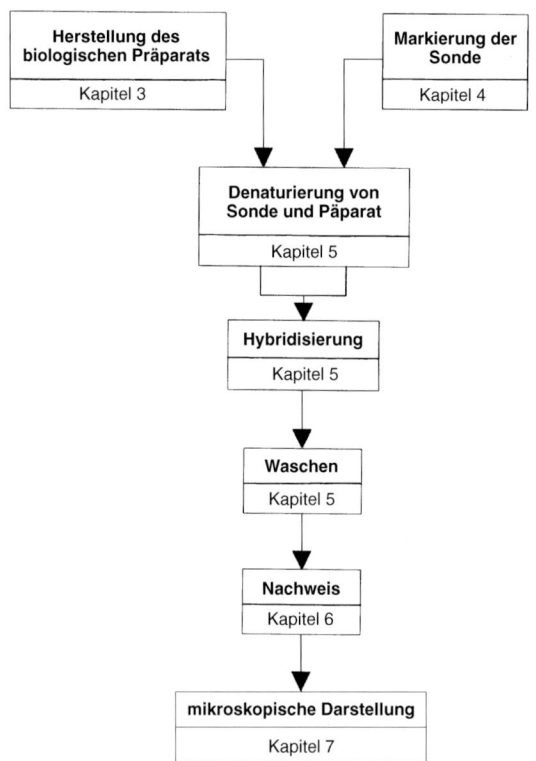

1.1 Schematischer Überblick über den Ablauf der *in situ*-Hybridisierung.

Kapitel 8 enthält einen detaillierten Arbeitsplan für die Durchführung von *in situ*-Hybridisierungen, Hilfen zur Fehlersuche und Vorschläge für Kontrollexperimente. Ein Ausblick auf die zukünftige Bedeutung dieser Technik findet sich in Kapitel 9.

Selbstverständlich kann nur ein Teil der zahlreichen verschiedenen Methoden, mit denen Präparate angefertigt sowie Nucleinsäuren markiert und nachgewiesen werden können, in diesem Buch berücksichtigt werden. Für jeden dieser Schritte werden jedoch ausführliche Protokolle von Methoden, die sich in unseren Labors bewährt haben, beschrieben. Die Zusammensetzung häufig gebrauchter Puffer und Bezugsquellen für Chemikalien sind im Anhang aufgelistet.

2.

Eine Auswahl *in situ* lokalisierter Nucleinsäuresequenzen

2.1 DNA-Sequenzen

Eine ganze Reihe verschiedener DNA-Sequenzen, von Einzelkopiegenen bis zu hochrepetitiven Sequenzen, konnten mit Hilfe von *in situ*-Hybridisierungen lokalisiert werden. Gewöhnlich hybridisiert man die DNA-Sequenzen mit Chromosomen oder Zellkernen, die auf Objektträgern fixiert und gespreitet sind. Mit entsprechenden Sonden können verschiedenartige Zielsequenzen nachgewiesen werden (Tabelle 2.1).

Tabelle 2.1: Zielsequenzen für DNA-Sonden

Einzelkopie- oder schwach repetitive Sequenzen (Abschnitt 2.1.1)
Gene, die Proteine codieren
Sequenzen mit Restriktionsfragment-Längenpolymorphismen (RFLP)
transformierende Sequenzen

repetitive Sequenzen (Abschnitt 2.1.2)
Tandem-Sequenzwiederholungen
    lange (9 kbp) rRNA-Gene
    lange (5–7 kbp) Gene, die Proteine codieren (zum Beispiel Histongene)
    kurze (< 300 bp) nichtcodierende Sequenzen (zum Beispiel in Telomeren, Heterochromatin
    oder Satelliten-DNA)
verstreute Sequenzwiederholungen
    long interspersed repeats (LINEs, zum Beispiel *Kpn*)
    short interspersed repeats (SINEs, zum Beispiel *Alu*)
    Retrotransposons und verwandte Sequenzen

einzelne Chromosomen oder Genome (Abschnitt 2.1.3)

mRNA-Sequenzen (Abschnitt 2.2)

Virussequenzen (Abschnitt 2.3)
DNA, zum Beispiel EBV (Epstein-Barr-Virus)
RNA, zum Beispiel HIV (menschliches Immunschwäche-Virus)

2.1.1 Einzelkopie- und schwachrepetitive Sequenzen

Die erste erfolgreiche *in situ*-Hybridisierung einer Einzelkopiesequenz gelang Harper und Saunders (1981), die mittels radioaktiv markierter Sonden das menschliche Insulingen auf Chromosom 1 nachwiesen. Seither gelang es, viele Einzelkopiesequenzen und Sequenzen, die nur in wenigen Kopien pro Genom vorliegen, durch radioaktive oder nichtradioaktive *in situ*-Kartierung zu lokalisieren. Dazu gehören sowohl menschliche Gene (zum Beispiel Duchenne/Becker-Muskeldystrophie, Ried et al., 1990; verschiedene Gene, Trask et al., 1993), als auch *Drosophila*-Sequenzen (zum Beispiel der Homöogenkomplex *Antennapedia*, Hafen et al., 1983) und *Caenorhabditis*-Gene (zum Beispiel Muskelproteingene, Albertson, 1985). Auch einzelne virale Gene sind auf Metaphasechromosomen oder in Interphasezellkernen nachweisbar (Lawrence et al., 1988). Über *in situ*-Kartierungen von schwachrepetitiven Sequenzen in Pflanzen gibt es nur wenige Arbeiten; Anwendung findet die Methode jedoch zur Kartierung transformierender Sequenzen in Pflanzenchromosomen (zum Beispiel der T-DNA von *Agrobacterium tumifaciens* im Genom von *Crepis capillaris,* Ambros et al., 1986) und landwirtschaftlich bedeutender Gene in Getreidesorten (Leitch und Heslop-Harrison, 1993). Der Nachweis von Einzelkopiesequenzen ermöglicht es, die physikalische Position eines Gens mit Genkopplungskarten zu vergleichen; er wird in zunehmendem Maße für die Analyse der Struktur von Genomen Bedeutung erlangen. Durch den Einsatz unterschiedlicher Markierungs- und Nachweissysteme ist es heute möglich, mehrere Einzelkopiesequenzen mit hoher Auflösung gleichzeitig zu kartieren (Lichter et al., 1990).

Auf Metaphasechromosomen lassen sich DNA-Sequenzen von weniger als 1 Kilobasenpaar (kbp) Länge mit einer Auflösung von etwa 1 Megabasenpaar (Mbp) *in situ* nachweisen (entspricht circa 1 Centimorgan; zwischen physikalischer und genetischer Entfernung besteht allerdings keine eindeutige Beziehung). Eine höhere Auflösung von weniger als 100 kbp erreicht man durch den Einsatz von Interphasechromosomen, deren Chromatin weniger stark kondensiert ist.

Die Kartierung von Cosmidklonen, die schwachrepetitive Sequenzen enthalten, ermöglicht eine als chromosomale *in situ*-Suppressionshybridisierung (CISS) bezeichnete Technik, bei der die Signale von repetitiven Sequenzen zugunsten der von nichtrepetitiven abgeschwächt werden (Abschnitt 4.1.3).

Die Lokalisierung von Einzelkopiegenen und schwachrepetitiven Sequenzen ist wohl die anspruchsvollste und schwierigste Anwendung der *in situ*-Hybridisierung. Für einen zuverlässigen Nachweis solcher Sequenzen sollte das *in situ*-Signal auf beiden Chromatiden der beiden homologen Chromosomen einer normalen diploiden Zelle sichtbar sein.

2.1.2 Repetitive Sequenzen

Die ersten durch *in situ*-Hybridisierung nachgewiesenen Sequenzen waren repetitiv. Gall und Pardue (1969) sowie John et al. (1969) verwendeten *in vivo* radioaktiv markierte RNA-Sonden zum Nachweis von rDNA-Sequenzen in cytologischen Präparaten. Auch die hochrepetitive Satelliten-DNA, die in den Chromosomen von Mensch und Maus vorkommt und mittels Dichtegradientenzentrifugation gereinigt werden kann, war den frühen *in situ*-Hybridisierungsexperimenten zugänglich. Repetitive Sequenzen können entweder in Tandemanordnung hintereinander vorliegen oder im Genom verstreut sein.

Tandem-Sequenzwiederholungen. Wiederholungen von identischen oder nahezu identischen DNA-Bereichen oder von Sequenzmustern können zu Tausenden in Tandemanordnung hintereinander liegen. Tandem-Sequenzwiederholungen finden sich sowohl in codierenden Sequenzen (zum Beispiel in Histongenen, rRNA-Genen; Abbildung 2.1c und d) als auch in nichtcodierenden Sequenzen (zum Beispiel in Telomeren, Abbildung 2.2; Satellitensequenzen von Säugern, Abbildung 2.1h; pflanzlichem Heterochromatin, Abbildung 2.1a); viele diese Sequenzen konnten durch *in situ*-Hybridisierung lokalisiert werden. Bei codierenden Sequenzen ist das wiederkehrende Sequenzmotiv in der Regel länger als bei nichtcodierenden Sequenzen (zum Beispiel die 9 kbp lange rDNA-Sequenzwiederholung von Pflanzen gegenüber den 150–300 bp langen Satellitensequenzen in der Nähe der Centromere von Säugerchromosomen).

Die *in situ*-Lokalisierung von Tandem-Sequenzwiederholungen liefert aufschlußreiche Informationen über den Aufbau und die Evolution eukaryotischer Genome. Diese Sequenzen werden außerdem für den Nachweis numerischer und struktureller Chromosomenaberrationen eingesetzt. McFadden (1990) bewies durch *in situ*-Hybridisierung bestimmter Sequenzwiederholungen, daß in der Evolution einer Gruppe von Algen Endosymbiose stattgefunden hat.

Verstreute Sequenzwiederholungen. Eukaryotengenome enthalten eine zweite Gruppe von Sequenzwiederholungen, die verstreut zwischen Einzelkopiesequenzen liegen. Dazu gehören bei Säugern die SINE-Sequenzen *(short interspersed elements)* mit weniger als 500 kbp Länge, die LINE-Sequenzen *(long interspersed elements)* mit mehreren kbp Länge sowie unklassifizierte Spacer-Sequenzen. Den größten Teil der menschlichen SINE-Elemente bilden die 300 bp langen *Alu*-Sequenzen (Abbildung 2.1g), die ungefähr drei Prozent des gesamten Genoms ausmachen und möglicherweise RNA-Pseudogene darstellen. Die Elemente der *Kpn*-LINE-Familie aus Primaten haben dagegen eine Länge zwischen 1,5 und 5 kbp. *In situ*-Hybridisierungen zufolge sind

LINE-Sequenzen andersartig im Genom verteilt als SINE-Sequenzen und ähneln auffällig retroviralen Sequenzen. In Getreidegenomen konnten durch *in situ*-Hybridisierung retrotransposonähnliche Elemente nachgewiesen werden, die über das gesamte Euchromatin verstreut sind.

2.1.3 Nachweis spezifischer Chromosomen und Genome

Einzelne Chromosomen können mit einer als „Chromosomen-Painting" bezeichneten Technik in ganzer Länge markiert werden (Abbildung 2.1e). Dazu werden Klone aus DNA-Banken einzelner Chromosomen (die zum Beispiel mittels Durchflußortierung isoliert werden können) vereint und als Sonde markiert. Bei der *in situ*-Hybridisierung verwendet man diese Mischung zusammen mit unmarkierter Blockade-DNA (zum Beispiel genomischer Gesamt-DNA), um die Spezifität der Sonde zu erhöhen (Abschnitt 4.1.3). Numerische und strukturelle Chromosomenanomalien können mit Hilfe dieser Technik entdeckt werden. Eine klinische Anwendung findet das Chromosomen-Painting bei der pränatalen Diagnostik und der Präimplantationsdiagnostik von Chromosomenaberrationen (zum Beispiel der Trisomie 21, die für das Down-Syndrom verantwortlich ist; Lichter et al., 1988). Mit Hilfe von X- und Y-spezifischen Sonden kann man das Geschlecht des Fetus bestimmen und damit geschlechtsgebundene Erbkrankheiten diagnostizieren, für die noch kein spezifischer genetischer Test verfügbar ist (West, 1990).

Eine Mischung aus genomischer Gesamt-DNA (Genomsonde) und unmarkierter Blockade-DNA (Abschnitt 4.1.3) eignet sich außerdem zur Identifizierung einzelner Chromosomen in Hybridzellen (Manuelidis, 1985; Schardin et al., 1985) und von Genomen in Hybridorganismen (Abbildungen 2.3 und 2.4a; Schwarzacher et al., 1989). In der Pflanzenzüchtung finden Genomsonden in zunehmendem Maße Verwendung, um Translokationen und Substitutionen von fremder DNA in Getreidesorten nachzuweisen (Abbildung 2.1b und f; Schwarzacher et al., 1992).

2.1 DNA:DNA-*in situ*-Hybridisierung (Abbildung siehe vordere innere Umschlagseite).

a) Parallele *in situ*-Hybridisierung zweier unterschiedlich markierter DNA-Klone; Nachweis mit Anti-Digoxigeninkonjugiertem Fluorescein (grüne Fluoreszenz) und avidinkonjugiertem Texas-Red (orange Fluoreszenz). Gespreitete Chromosomen aus Wurzelspitzen eines Weizen-Roggen-Hybrids (*Triticosecale* cv. Lasko) wurden mit einem digoxigeninmarkierten Plasmid (pSc119.2, aus Roggen) hybridisiert, sodaß im Heterochromatin die Tandem-Sequenzwiederholungen sichtbar werden (grün). Gleichzeitig zeigt ein biotinyliertes Plasmid (pTa71, aus Weizen) die Position der rDNA (orange). Photo in Zusammenarbeit mit N. Neves. Balken = 15 μm.

b) Parallele *in situ*-Hybridisierung von Genomsonden aus *Thinopyrum bessarabicum,* direkt mit Fluorescein markiert, und aus *Secale cereale,* direkt mit Rhodamin markiert. Chromosomenpräparation aus Wurzelspitzen einer Weizensorte (*Tritium aestivum* cv. Glennson 1J Disomie-Linie), deren Genom mit

Hilfe von Pflanzenzüchtungsmethoden zwei Chromosomen des Wildgrases *T. bessarabicum* und zwei Chromosomenarme aus Roggen *(S. cereale)* zugeführt wurden (von T. E. Miller freundlicherweise zur Verfügung gestellt). Die *T. bessarabicum*-Chromosomen fluoreszieren orange, die Roggenchromosomenarme gelb. Kreuzhybridisierungen der DNA-Sonden mit Weizenchromosomen wurden auf ein Minimum reduziert, indem der Sonden-DNA ein zehnfacher Überschuß unmarkierter Weizen-DNA zugegeben wurde. Aus *The Chromosome* (1993), S. 178, Abbildung 2f, BIOS Scientific Publishers. Balken = 10 μm.

c) Fluoreszenznachweis einer digoxigeninmarkierten rDNA-Sonde mit Anti-Digoxigeningekoppeltem Fluorescein. In gespreiteten Metaphasechromosomen aus Weizen (*Tritium aestivum* cv. Chinese Spring) leuchtet nach einer *in situ*-Hybridisierung mit einer ribosomalen Probe (pTa71) die rDNA gelb auf. Die Chromosomen sind mit Propidiumiodid angefärbt (orange). Balken = 20 μm.

d) Enzymatischer Nachweis einer digoxigeninmarkierten rDNA-Sonde mit Hilfe von Meerrettichperoxidase und Präzipitation von Diaminobenzidin. In gespreiteten Metaphasechromosomen aus Weizen (*Tritium aestivum* cv. Chinese Spring) erkennt man nach *in situ*-Hybridisierung mit einer ribosomalen Sonde (pTa71) die rDNA (vier größere und zwei kleinere braune Präzipitate). Die Chromosomen wurden mit Giemsa (blau) gefärbt. Balken = 20 μm.

e) Das menschliche Chromosom 8 einer Metaphase- und einer Interphasezelle wurde durch Chromosomen-Painting angefärbt. Klone einer Cosmidbank von Chromosom 8 wurden vereint, mit Biotin markiert und in Gegenwart unmarkierter genomischer Gesamt-DNA im Verhältnis 1:1 hybridisiert (chromosomale *in situ*-Suppression, Abschnitt 4.1.3). Hybridisierte Sonden wurden mit fluoresceinkonjugiertem Avidin nachgewiesen (gelb), die Chromosomen wurden mit Propidiumiodid gefärbt (orange). Diese Technik, mit der einzelne Chromosomen in der Interphase nachgewiesen werden können, ist außerordentlich nützlich, um strukturelle und numerische Chromosomenaberrationen in differenzierten Zellen festzustellen. Photo in Zusammenarbeit mit Professor T. Cremer. Aus *The Chromosome* (1993), S. 178, Abbildung 2d, BIOS Scientific Publishers. Balken = 5 μm.

f) *In situ*-Hybridisierung von digoxigeninmarkierter genomischer Gesamt-DNA aus Roggen und unmarkierter genomischer Gesamt-DNA aus Weizen (Blockade-DNA) gegen gespreitete Interphasezellen aus Weizen. Die Weizensorte trägt eine Translokation der Chromosomen 1B aus Weizen und 1R aus Roggen (1B/1R). Im Anschluß an die *in situ*-Hybridisierung wurden die Roggenchromosomen mit Fluorescein nachgewiesen (gelb) und die Weizenchromosomen mit Propidiumiodid gefärbt (orange). Genomische Gesamt-DNA kann man bei Hybridpflanzen zur Unterscheidung von Chromosomen unterschiedlicher Herkunft verwenden; in diesem Fall erkennt man, daß die Domänen der Roggenchromosomen in den Interphasezellen vergrößert sind. Photo in Zusammenarbeit mit Dr. R. Kynast. Aus *The Chromosome* (1993), S. 178, Abbildung 2e, BIOS Scientific Publishers. Balken = 10 μm.

g) *In situ*-Hybridisierung gespreiteter menschlicher Chromosomen mit einer biotinmarkierten synthetischen *Alu*-Consensussequenz (42 bp), Nachweis mit avidinkonjugiertem Fluorescein (gelb). *Alu*-Sequenzen liegen über das Genom verstreut, lediglich in bestimmten Regionen, insbesondere im Heterochromatin unterhalb der Centromere, zeigt sich keine Fluoreszenz. Gegenfärbung mit Propidiumiodid (orange). Photo mit freundlicher Genehmigung von Professor R. Moyzis. Aus Moyzis et al. (1989) *Genomics* 4, 273–289; mit freundlicher Genehmigung von Academic Press.

h) Menschliche Metaphasechromosomen nach *in situ*-Hybridisierung verschiedener Stringenz mit einer satellitenähnlichen repetitiven Sonde. Die Bedingungen wurden so gewählt, daß entweder 80–85% (obere Reihe) oder 60–65% (untere Reihe) Sequenzähnlichkeit erforderlich waren. Die Stellen, an denen die biotinylierte Sonde pHuR195 hybridisiert (Pfeile), wurden mit fluoresceinkonjugiertem Avidin nachgewiesen und die Chromosomen mit Propidiumiodid orange gefärbt. Durch gleichzeitige Färbung mit 4,6-Diamidino-2-phenylindol (DAPI) wird AT-reiches Heterochromatin in besonders hellen Banden sichtbar. In beiden Experimenten hybridisiert die Sonde mit subcentromeren Bereichen auf Chromosom 16, das Signal ist jedoch bei geringerer Stringenz stärker. Bei niedriger Stringenz erkennt man eine zweite Hybridisierungstelle auf Chromosom 1. Das Heterochromatin in Chromosom 1 weist also eine gewisse Sequenzähnlichkeit zu dem in Chromosom 16 auf. Aus Schwarzacher-Robinson et al. (1988) *Cytogenet. Cell Genet.* 47, 192–196; mit freundlicher Genehmigung der S. Karger AG.

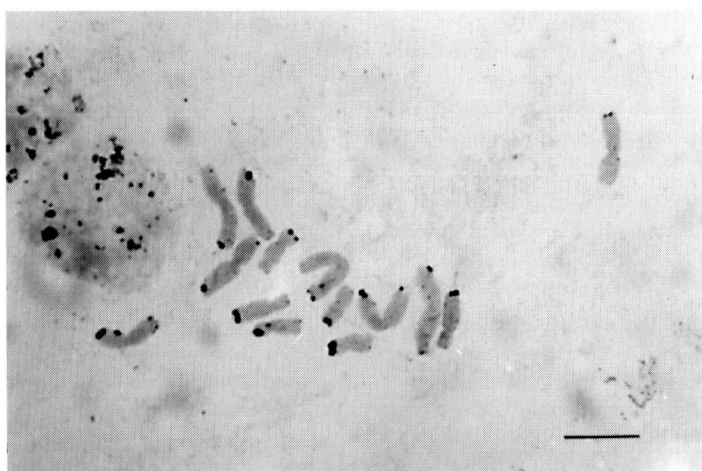

2.2 Nachweis pflanzlicher Telomere durch DNA:DNA-*in situ*-Hybridisierung mit einem biotinylierten synthetischen Oligonucleotid. Das Oligonucleotid enthält die Telomer-Consensussequenz $(TTTAGGG)_n$ der Pflanze *Arabidopsis thaliana* und wurde mit Biotin-11-dUTP endmarkiert. Nach Hybridisierung gegen Chromosomenspreitungen von *Hordeum vulgare* (Gerste, 2n = 14) wurde die Sonde mit Hilfe von avidingekoppelter Meerrettichperoxidase nachgewiesen und die Präzipitation von Diaminobenzidin durch Silber verstärkt. Vermutlich hängt die unterschiedliche Größe der Hybridisierungsstellen mit der Kopienzahl der Zielsequenz zusammen. Balken = 10 μm.

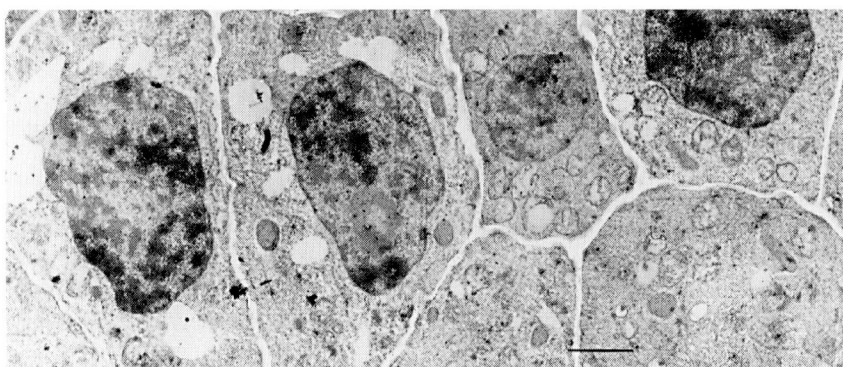

2.3 Elektronenmikroskopischer Nachweis ganzer Genome in einem 0,1 μm dicken Schnittpräparat nach DNA:DNA-*in situ*-Hybridisierung; Nachweis mit Avidin-Meerrettichperoxidase katalysierter Präzipitation von Diaminobenzidin. Wurzelspitzenpräparate des Hybridgrases *Hordeum chilense × Secale africanum* wurden mit biotinmarkierter genomischer Gesamt-DNA aus *S. africanum* hybridisiert. Das Chromatin aus *H. chilene* ist ungefärbt, während Chromatin aus *S. africanum* gefärbt ist. Der Schnitt wurde mit Uranylacetat und Bleicitrat gegengefärbt. Balken = 2,5 μm. Aus Leitch et al. (1990), mit freundlicher Genehmigung von The Company of Biologists Ltd.

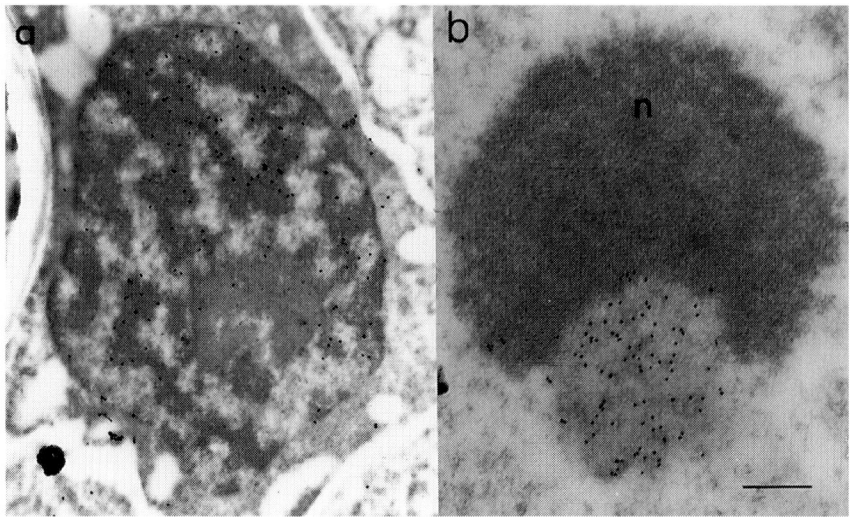

2.4 Elektronenmikroskopischer Nachweis von a) ganzen Genomen und b) rDNA in 0,1 μm dicken Schnitten nach DNA:DNA-*in situ*-Hybridisierung und Färbung mit avidinkonjugiertem kolloidalen Gold (schwarze Punkte). a) Schnitt durch einen Zellkern aus Wurzelspitzen von *Hordeum chilense* × *Secale africanum* nach *in situ*-Hybridisierung mit biotinylierter genomischer Gesamt-DNA aus *S. africanum*. Chromatin, das von *S. africanum* stammt, ist durch 20 nm dicke Goldpartikel markiert. Balken = 1,2 μm. b) Schnitt durch einen Interphasezellkern aus Wurzelspitzen von *Triticum aestivum* (Weizen), in dem der Nucleolus (n) sichtbar ist. Als Sonde diente das biotinylierte Plasmid pTa71, das für rDNA spezifisch ist. Ein großer perinucleolarer Chromatinbereich ist mit 10 nm großen Goldpartikeln belegt. Balken = 0,5 μm. Die Schnitte wurden mit Uranylacetat und Bleicitrat gegengefärbt. Abbildung mit freundlicher Unterstützung von Biocell.

2.2 RNA-Sequenzen

Harrison et al. (1974) konnten mit tritiummarkierter cDNA, die mit gereinigter 9S-RNA aus Reticulocyten (der Globin-mRNA) als Matrize hergestellt wurde, die Expression des Globingens in fetalen Leberzellen nachweisen. In späteren Experimenten wurden tritiummarkierte Poly(U)-Sonden eingesetzt, um sämtliche polyadenylierte RNAs nachzuweisen und die Bedingungen für die *in situ*-Hybridisierung von mRNA zu optimieren. Cox et al. (1984) gelang es als ersten, *in vitro*-transkribierte einzelsträngige RNA-Sonden (Ribosonden, Abschnitt 4.2.3) zu hybridisieren und Histon-mRNA in Seeigelembryonen nachzuweisen. Seit diesem bahnbrechenden Erfolg sind zahllose Veröffentlichungen über den Einsatz von Ribosonden zur Untersuchung tierischer und pflanzlicher Organismen erschienen.

Mit Hilfe von RNA:RNA-*in situ*-Hybridisierungen kann die Verteilung von RNA-Sequenzen in Gewebeschnitten und in Präparaten ganzer Organismen untersucht werden. In vielen Experimenten wurden mRNA-Transkripte auf der Ebene einzelner Zellen, von Geweben oder Organen lokalisiert, um das räumliche und zeitliche Expressionsmuster verschiedener Gene zu ermitteln. Die Methode erlaubt außerdem eine grobe quantitative Abschätzung der mRNA-Menge und Rückschlüsse über das Verhältnis zwischen mRNA-Synthese einerseits und Proteinproduktion, Morphogenese und Feinstruktur andererseits. Bei der Untersuchung von Erbkrankheiten kann die Lokalisierung der mRNA-Transkripte aufschlußreicher sein als die des eigentlichen Gens, da so der Verlauf der Krankheit durch einen Vergleich mit der Genaktivität überwacht werden kann.

2.2.1 Untersuchungen an tierischen Organismen

Seeigel. In Verbindung mit immunologischen Methoden wurde die *in situ*-Hybridisierung erfolgreich eingesetzt, um Entwicklung und Differenzierung von Seeigelembryonen zu untersuchen (Übersichtsartikel: Angerer et al., 1990). Die Mehrzahl der mRNAs tritt räumlich begrenzt auf (Abbildung 2.5). Nur die im Überfluß vorhandenen maternalen mRNAs, die während der ersten Zellteilungen translatiert werden, verteilen sich gleichmäßig über den ganzen Embryo. Das räumlich begrenzte Vorkommen von mRNAs bestimmt vermutlich das Schicksal der Zellen entlang der animal-vegetati-

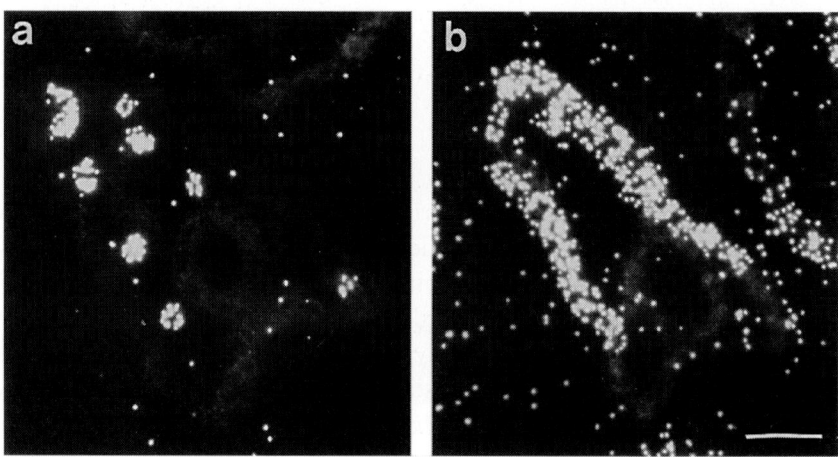

2.5 RNA:RNA-*in situ*-Hybridisierung mit radioaktiv markierten Ribosonden gegen a) primäre (skeletogene) Mesenchymzellen und b) dorsale Ektodermzellen in Schnitten von Seeigelembryonen. Anhand der Expression gewebespezifischer mRNAs lassen sich Zelltypen voneinander unterscheiden, bevor ihre Differenzierung sichtbar wird. Die Expression des Mesenchym-Markergens bezeichnet die animal-vegetative Achse des Embryos, die des Markergens für dorsales Ektoderm bestimmt die dorso-ventrale Achse. Photo von Dr. P. D. Kingsley, Dr. L. M. Angerer und Dr. R. C. Angerer. Balken = 30 μm.

ven und der dorso-ventralen Achsen des Embryos. Es ist denkbar, daß die Mehrzahl der Transkripte während der gesamten Entwicklung vorhanden ist, auch wenn viele einer räumlichen Regulation unterliegen. Durch *in situ*-Hybridisierung konnten bereits mehrere gewebespezifische Transkripte lokalisiert werden.

Drosophila. Bei entwicklungsbiologischen Untersuchungen an *Drosophila* trugen *in situ*-Hybridisierungen dazu bei, detaillierte Modelle über die Ausbildung des Körperbauplans dieser Invertebraten aufzustellen (Übersichtsartikel: Ingham et al., 1990). Sowohl maternal als auch in der Zygote exprimierte Gene, die bei der Embryonalentwicklung von *Drosophila* eine Rolle spielen, sind *in situ* lokalisiert worden. Für die Interpretation der Genexpressionsmuster sind Mutationen, die einen Phänotyp zeigen, überaus nützlich. Die Lokalisierung von mRNAs in Wildtypembryonen (Abbildung 2.6) und in Mutanten zeigt, daß begrenzte Expressionsmuster durch positive und negative Wechselwirkung mit anderen Transkripten kontrolliert werden.

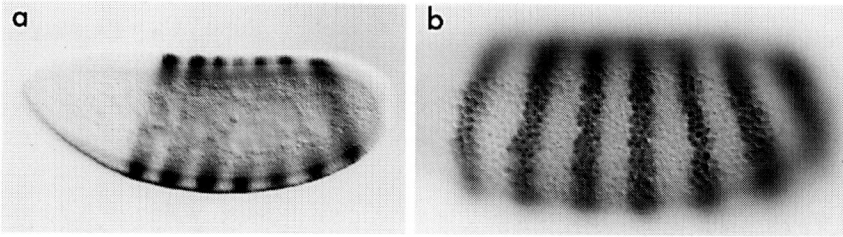

2.6 RNA:RNA-*in situ*-Hybridisierung an Ganzkörperpräparaten von *Drosophila*-Embryonen, in denen das Expressionsmuster des Segmentierungsgens *fushi tarazu* (*ftz*) mit a) niedriger und b) hoher Auflösung sichtbar ist. Die Sonde wurde mit Digoxingenin markiert und mit Hilfe von alkalischer Phosphatase und den Substraten 5-Brom-3-Chlor-3-Indolylphosphat/Nitroblau-Tetrazolium (BCIP/NBT) nachgewiesen. In einem 2,5 Stunden alten Wildtypembryo finden sich *ftz*-Transkripte in sieben Querstreifen, die durch nichtexprimierende Zellen getrennt sind. Diesem Experiment zufolge ist die Segmentierung bereits während der frühen Embryonalentwicklung festgelegt. Photos von Dr. P.W. Ingham.

Xenopus. Auch bei Untersuchungen der Oogenese und Embryogenese von *Xenopus* wurden mRNAs durch *in situ*-Hybridisierung lokalisiert (Übersichtsartikel: Perry O'Keefe et al., 1990). Sämtliche untersuchten maternalen mRNAs sind während der frühen Oogenese gleichmäßig in der Oocyte verteilt. Im weiteren Verlauf der Oogenese konzentrieren sich einige mRNAs in bestimmten Bereichen des Cytoplasmas. Das maternalcodierte Transkript *Vg-1* findet sich beispielsweise nur am vegetativen Pol im Cortex der reifen Eizelle. Nach der Befruchtung ändert sich seine Lokalisation: Das Transkript verteilt sich nun in einem Gradienten über die gesamte vegetative Hemisphäre. Aufgrund dieser Umverteilung nimmt man an, daß das *Vg-1*-Produkt an einem frühen Entwicklungsschritt wie der Mesoderminduktion beteiligt ist.

Säuger. *In situ*-Hybridisierungen trugen dadurch erheblich zum Verständnis der Rolle regulatorischer Peptide im peripheren neuroendokrinen System bei, daß ermittelt werden konnte, in welchen Zellen mRNAs für diese Peptide synthetisiert werden (Übersichtsartikel: Giaid et al., 1990). Die molekularen Mechanismen der Musterbildung während der Embryogenese von Säugern wurden ebenfalls mit Hilfe von *in situ*-Hybridisierungen erforscht (Übersichtsartikel: Wilkinson, 1990) und darüber hinaus eine ständig wachsende Zahl von Transkripten für Regulator- und Strukturproteine lokalisiert. Durch den Einsatz von Homöoboxsonden aus *Drosophila* konnten auch in Säugern derartige Sequenzen nachgewiesen werden. Anhand zahlreicher Experimente zur Entwicklung des zentralen Nervensystems von Mäuseembryonen wurde entdeckt, daß die Expression mehrerer Gene (zum Beispiel von *int-1*, *Krox-20* und der *Hox*-Gene) räumlich reguliert ist. Vermutlich spielen diese Gene eine wichtige Rolle in der frühen Embryogenese, in der die Gewebe ausgebildet und ihre räumliche Organisation gesteuert werden.

2.2.2 Untersuchungen an Pflanzen

Für Untersuchungen zur Regulation der Genexpression während der Entwicklung von Pflanzen waren *in situ*-Hybridisierungen ebenfalls sehr hilfreich. Unter anderem wurde die Technik zum Nachweis von Genen angewandt, die 1) in keimenden Samen exprimiert werden, 2) in verletzten Geweben induziert werden, 3) an Inkompatibilitätsreaktionen beteiligt sind, 4) die Blütenbildung regulieren, und 5) zum Nachweis der mRNA-Verteilung in ruhenden Samen. Zwei dieser Beispiele werden im folgenden Abschnitt näher erläutert.

Blütenbildung. Durch *in situ*-Hybridisierung und genetische Analysen konnte geklärt werden, welche Mechanismen den Übergang vom vegetativen Meristem zur Blütenanlage (Abbildung 2.7a und b) und die Morphogenese der Blüte steuern (Coen et al., 1990). So fand man zum Beispiel bei Untersuchungen in *Antirrhinum* heraus, daß das homöotische Gen *floricaula* in Deckblatt, Kelchblatt, Blütenblatt und Fruchtknotenanlage nach einem spezifischen Muster zeitlich begrenzt exprimiert wird. Möglicherweise tritt das Produkt des *floricaula*-Gens in einer bestimmten Reihenfolge mit anderen homöotischen Genen, die die spiralige Anordnung der Blütenblätter steuern, in Wechselwirkung.

Samenkeimung. Transkripte von Speicherproteingenen lassen sich mit Hilfe der *in situ*-Hybridisierung in einzelnen Zellen lokalisieren. In den Keimblättern der Erbse wird das Gen für das Speicherprotein Vicilin in den Bereichen des Embryos exprimiert, die nicht mitotisch aktiv sind. Die Expression dieses Gens beginnt in den oberen achsennahen Keimblattzellen und setzt sich wellenförmig fort (Harris et al., 1990).

2.7 RNA:RNA-*in situ*-Hybridisierung. (Abbildung siehe hintere innere Umschlagseite).

a) und b) Gewebespezifische Expression des Gens *floricaula* in einem Schnitt durch einen sprießenden Blütenstand nach Einbettung in Paraffinwachs. Nachweis der digoxigeninmarkierten *floricaula*-Sonde durch alkalische Phosphatase und BCIP/NBT-Präzipitation. Derselbe Schnitt zeigt a) blauschwarze Präzipitate im Durchlichtmikroskop und b) helle goldbraune Bereiche auf dunklem Hintergrund bei Auflicht. Die Verteilung der *floricaula*-Transkripte ändert sich während der Reifung der apikalen Deckblätter, die größte Menge ist in jungen Blütenanlagen vorhanden (Pfeile). Photos mit freundlicher Genehmigung von Dr. S. Handtke und Dr. S. Coen. Balken = 160 μm. c) bis f) Nachweis gewebespezifischer Genexpression mit ^{3}H-markierten RNA-Sonden. Die Hybridisationsstellen wurden in einer Autoradiographie ermittelt. Balken = 50 μm. c) Schnitt durch ein Toluidinblau gefärbtes Blütenblatt von *Antirrhinum majus* im Hellfeldmikroskop (e: Epidermis; m: Mesoderm; v: Gefäß). d) Hybridisierung des Schnittes mit einer Antisense-Sonde der Chalconsynthetase. Im Dunkelfeld erscheinen die Silberkörner als helle Punkte. Die Chalconsynthetase wird nur im epidermalen Gewebe exprimiert. e) Die Hybridisierung desselben Schnittes mit einer Sense-Sonde zeigt keine Signale. f) Positive Kontrolle: Hybridisierung mit einer rRNA-Sonde als Beweis, daß in allen Zellen RNA enthalten und diese für Hybridisierungen zugänglich ist.

2.3 Nachweis viraler Sequenzen

Als erste Virussequenz konnte die DNA eines Papillomavirus *in situ* nachgewiesen werden (Orth et al., 1971). Es gelang, sowohl virale RNA-Genome (zum Beispiel das menschliche Immunschwächevirus HIV) als auch virale DNA-Genome (zum Beispiel das Epstein-Barr-Virus EBV, Abbildung 2.8) innerhalb von Zellen und Geweben zu lokalisieren. Durch *in situ*-Hybridisierung läßt sich außerdem ermitteln, ob die Virussequenzen getrennt vom Genom der Wirtszelle im Cytoplasma oder im Kern (Abbildung 2.8) vorliegen oder an einer beziehungsweise mehreren Stellen in die DNA des Wirtes integriert sind. Die Technik ermöglicht den Nachweis von Virusgenen und viralen Transkripten in ein und derselben Zellpräparation und leistete dadurch einen wichtigen Beitrag auf dem Gebiet der Virologie (Übersichtsartikel: Herrington et al., 1990; Teo, 1990).

Mit Hilfe von *in situ*-Hybridisierungen gewann man Erkenntnisse darüber, wie Virussequenzen repliziert, exprimiert und verbreitet werden, in welchen Geweben Virusgenome persistieren und über den Zusammenhang zwischen Krankheiten und dem Auftreten bestimmter Virussequenzen. Wird vermutet, daß ein Virus bei einer Krankheit beteiligt ist, kann man Gewebeproben durch *in situ*-Hybridisierung nach verborgenen Virussequenzen absuchen. Diese Vorgehensweise hat bereits Hinweise darauf geliefert, daß ein Zusammenhang zwischen Multipler Sklerose und einem Virus, das möglicherweise mit dem menschlichen T-Zell-Leukämievirus Typ 1 (HTLV-1) verwandt ist, besteht.

Andere Methoden zum Nachweis von Viren unterliegen im Gegensatz zur *in situ*-Hybridisierung einigen Einschränkungen. So sind zum Beispiel immunologische Techniken unbrauchbar, wenn keine Antikörper gegen Virusantigene zur Verfügung stehen, die Antigenität von Virusproteinen verloren gegangen oder die Genexpression und die Vermehrung der Viren gehemmt ist. Der direkte Nachweis von Virussequenzen durch *in situ*-Hybridisierung bildet die Grundlage für Diagnose und Prognose von Viruserkrankungen. Die Sensitivität dieser Technik reicht allerdings für eine routinemäßige Anwendung noch nicht aus, da sich weniger als etwa zehn bis 30 Kopien eines Virusgenoms in der Wirtszelle nicht nachweisen lassen.

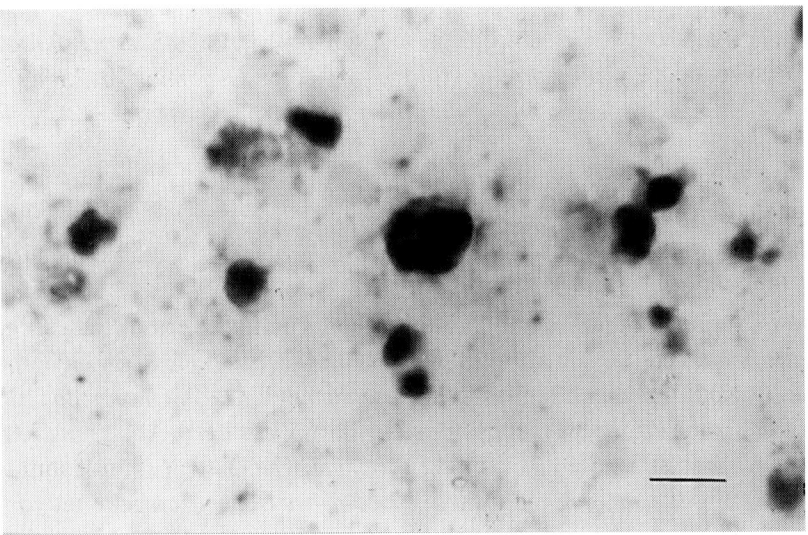

2.8 Nachweis von Epstein-Barr-Virusgenomen in einer Krallenaffen-Lymphocyten-Suspensionskultur (B95-8) durch DNA:DNA-*in situ*-Hybridisierung. Die Zellen wurden auf Objektträger zentrifugiert und mit dem biotinylierten BamH1-W-Fragment des EBV-Genoms hybridisiert. Der Nachweis erfolgte mit streptavidinkonjugierter alkalischer Phosphatase und BCIP/NBT. Viele Zellkerne enthalten mehrere hundert Kopien des EBV-Genoms und sind daher stark gefärbt (schwarz), während andere so gut wie unmarkiert sind. Photo von Dr. L. Lebrecque. Balken = 2,5 μm.

2.4 Literatur

Albertson DG. (1985) Mapping muscle protein genes by *in situ* hybridization using biotin-labelled probes. *EMBO J.* 4, 2493–2498.

Ambros PF, Matzke MA, Matzke AJM. (1986) Detection of a 17 kb unique sequence (T-DNA) in plant chromosomes by *in situ* hybridization. *Chromosoma* 94, 11–18.

Angerer LM, Angerer RC. (1981) Detection of poly A + RNA in sea urchin eggs and embryos by quantitative *in situ* hybridization. *Nucleic Acids Res.* 9, 2819–2840.

Angerer RC, Reynolds SD, Grimwade J, Hurley DL, Yang Q, Kingsley PD, Gagnon ML, Palis J, Angerer LM. (1990) Contributions of the spatial analysis of gene expression to the study of sea urchin development. *Soc. Exp. Biol. Semin. Ser.* 40, 69–95.

Berleth T, Burri M, Thoma G, Bopp D, Richstein S, Frigerio G, Noll M, Nüsslein-Volhard C. (1988) The role of localization of *bicoid* RNA in organizing the anterior pattern of the *Drosophila* embryo. *EMBO J.* 7, 1749–1756.

Brandriff B, Gordon L, Trask B. (1991) A new system for high-resolution DNA sequence mapping in interphase pronuclei. *Genomics* 10, 75–82.

Coen ES, Romero JM, Doyle S, Elliot R, Murphy G, Carpenter R. (1990) *Floricaula:* a homeotic gene required for flower development in *Antirrhinum majus. Cell* 63, 1311–1322.

Cox KH, Deleon DV, Angerer LM, Angerer RC. (1984) Detection of mRNAs in sea urchin embryos by *in situ* hybridisation using asymmetric RNA probes. *Dev. Biol.* 101, 485–502.

Ferguson-Smith MA. (1991) Invited editorial: Putting the genetics back into cytogenetics. *Am. J. Hum. Genet.* 48, 179–182.

Gall JG, Pardue ML. (1969) Formation and detection of RNA-DNA hybrid molecules in cytological preparations. *Genetics* 63, 378–383.

Giaid A, Gibson SJ, Steel J, Facer P, Polak JM. (1990) The use of complementary RNA probes for the identification and localisation of peptide messenger RNA in the diffuse neuroendocrine system. *Soc. Exp. Biol. Semin. Ser.* 40, 43–68.

Hafen E, Levine M, Garber RL, Gehring WJ. (1983) An improved *in situ* hybridisation method for the detection of cellular RNAs in *Drosophila* tissue sections and its application for localising transcripts of the homeotic *Antennapedia* gene complex. *EMBO J.* 2, 617–623.

Harper ME, Saunders GF. (1981) Localization of single copy DNA sequences on G-banded human chromosomes by *in situ* hybridization. *Chromosoma* 83, 431–439.

Harris N, Mulcrone J, Grindley H. (1990) Tissue preparation techniques for *in situ* hybridization studies of storage-protein gene expression during pea seed development. *Soc. Exp. Biol. Semin. Ser.* 40, 175–188.

Harrison PR, Conkie D, Affara N, Paul J. (1974) *In situ* localization of globin messenger RNA formation I. During mouse fetal liver development. *J. Cell Biol.* 63, 401–413.

Herrington CS, Burns J, McGee J O'D. (1990) Non-isotopic *in situ* hybridization in human pathology. *Soc. Exp. Biol. Semin. Ser.* 40, 241–269.

Ingham PW, Howard KR, Ish-Horowicz D. (1985) Transcription pattern of the *Drosophila* segmentation gene *hairy. Nature* 318, 439–445.

Ingham PW, Hidalgo A, Taylor AM. (1990) Advantages and limitations of *in situ* hybridization as exemplified by the molecular genetic analysis of *Drosophila* development. *Soc. Exp. Biol. Semin. Ser.* 40, 97–114.

John HA, Birnstiel ML, Jones KW. (1969) RNA-DNA hybrids at the cytological level. *Nature* 223, 582–587.

Landry ML. (1990) Nucleic acid hybridization in viral diagnosis. *Clin. Biochem.* 23, 267–277.

Lawrence JB, Villnave CA, Singer RH. (1988) Sensitive, high-resolution chromatin and chromosome mapping *in situ:* presence and orientation of two closely integrated copies of EBV in a lymphoma line. *Cell* 52, 51–61.

Leitch IJ, Heslop-Harrison JS. (1993) Physical mapping of four sites of 5S rDNA sequences and one site of the α-amylase-2 gene in barley *(Hordeum vulgare). Genome* 36, 517–523.

Lichter P, Cremer T, Tang C-J C, Watkins PC, Manuelidis L, Ward DC. (1988) Rapid detection of human chromosome 21 aberrations by *in situ* hybridization. *Proc. Natl. Acad. Sci. USA* 85, 9664–9668.

Lichter P, Tang CC, Call K, Hermanson G, Evans GA, Housman D, Ward DC. (1990) High resolution mapping of human chromosome 11 by *in situ* hybridization with cosmid clones. *Science* 247, 64–69.

Lichter P, Boyle AL, Cremer T, Ward DC. (1991) Analysis of genes and chromosomes by nonisotopic *in situ* hybridization. *Genet. Anal. Techniques Applications* 8, 24–35.

McFadden GI. (1990) Evolution of algal plastids from eukaryotic endosymbionts. *Soc. Exp. Biol. Semin. Ser.* 40, 143–156.

McNeil JA, Johnson CV, Carter KC, Singer RH, Lawrence JB. (1991) Localizing DNA and RNA within nuclei and chromosomes by fluorescence *in situ* hybridization. *Genet. Anal. Techniques Applications* 8, 41–58.

Manuelidis L. (1985) Individual interphase chromosome domains revealed by *in situ* hybridization. *Hum. Genet.* 71, 288–293.

Moore G, Abbo S, Cheung W, Foote T, Gale M, Koebner R, Leitch A, Leitch I, Money T, Stancombe P, Yano M, Flavell R. (1993) Key features of cereal genome organization as revealed by the use of cytosine methylation-sensitive restriction endonucleases. *Genomics* 15, 472–482.

Mouras A, Negrutiu I, Horth M, Jacobs M. (1989) From repetitive DNA sequences to single copy gene mapping in plant chromosomes by *in situ* hybridization. *Plant Physiol. Biochem.* 27, 161–168.

Moyzis RK, Torney DC, Meyne J, Buckingham JM, Wu J-R, Burks C, Sirotkin KM, Goad WB. (1989) The distribution of interspersed repetitive DNA sequences in the human genome. *Genomics* 4, 273–289.

Orth G, Jeanteur P, Croissant O. (1971) Evidence for and localisation of vegetative viral DNA replication by autoradiographic detection of RNA-DNA hybrids in sections of tumours induced by Shope papilloma virus. *Proc. Natl. Acad. Sci. USA* 68, 1876–1880.

Perry-O'Keefe H, Kintner CR, Yisraeli J, Melton DA. (1990). The use of *in situ* hybridization to study the localization of maternal mRNAs during *Xenopus* oogenesis. *Soc. Exp. Biol. Semin. Ser.* 40, 115–130.

Ried T, Mahler V, Blonden L, van Ommen GJB, Cremer T, Cremer M. (1990) Direct carrier detection by *in situ* suppression hybridization with cosmid clones of the Duchenne/Becker muscular dystrophy locus. *Hum. Genet.* 85, 581–586.

Schardin M, Cremer T, Hager HD, Lang M. (1985) Specific staining of human chromosomes in Chinese hamster × man hybrid cell lines demonstrates interphase chromosome territories. *Hum. Genet.* 71, 281–287.

Schwarzacher T, Leitch AR, Bennett MD, Heslop-Harrison JS. (1989) *In situ* localization of parental genomes in a wide hybrid. *Ann. Bot.* 64, 315–324.

Schwarzacher T, Anamthawat-Jóhnsson K, Harrison GE, Islam AKMR, Jia JZ, King IP, Leitch AR, Miller TE, Reader SM, Rogers WJ, Shi M, Heslop-Harrison JS. (1992) Genomic *in situ* hybridization to identify alien chromosome segments in wheat. *Theor. Appl. Genet.* 84, 778–786.

Tautz D, Pfeifle C. (1989) A non-radioactive *in situ* hybridization method for the localization of specific RNAs in *Drosophila* embryos reveals translational control of the segmentation gene *hunchback*. *Chromosoma* 98, 81–85.

Teo CG. (1990) *In situ* hybridization in virology. Seite 125–148. In *In Situ Hybridization, Principles and Practice* (Hrsg. JM Polak, JO'D McGee). Oxford University Press, New York.

Tkachuk DC, Pinkel D, Kuo WL, Weire HU, Gray JW. (1991) Clinical applications of fluorescence *in situ* hybridization. *Genet. Anal. Techniques Applications* 8, 67–74.

Trask B, Fertitta A, Christensen M, Youngblom J, Bergmann A, Copeland A, de Jong P, Mohrenweiser H, Olsen A, Carrano A, Tynan K. (1993) Fluorescence *in situ* hybridization mapping of human chromosome 19: cytogenetic band location of 540 cosmids and 70 genes or DNA markers. *Genomics* 15, 133–145.

Venezky DL, Angerer LM, Angerer RC. (1981) Accumulation of histone repeat transcripts in the sea urchin egg pronucleus. *Cell* 24, 385–391.

West JD. (1990) Sexing the human conceptus by *in situ* hybridization. *Soc. Exp. Biol. Semin. Ser.* 40, 205–240.

Wilkinson DG. (1990) mRNA *in situ* hybridization and the study of development. Seite 113–124. In *In Situ Hybridization, Principles and Practice* (Hrsg. JM Polak, JO'D McGee). Oxford University Press, New York.

3.
Die Präparate

Der Erfolg einer *in situ*-Hybridisierung hängt nicht zuletzt von einer Konservierung des Ausgangsmaterials ab, bei der Zielsequenzen und Gewebemorphologie erhalten bleiben. Außerdem muß das konservierte Gewebe für die Sonde und die Nachweisreagentien permeabel sein.

3.1 Gewebefixierung

Wenn möglich, sollte man frisches Material verwenden. Nach der Entnahme muß das Gewebe rasch fixiert werden, um die Aktivität endogener Nucleasen und anderer abbauender Enzyme möglichst gering zu halten. Falls erforderlich, wird die Gewebeprobe in kleine Stücke von weniger als einem Millimeter Dicke geschnitten, damit das Fixiermittel schnell und gleichmäßig in die Präparate eindringen kann. Um lufthaltige Gewebe zu fixieren, die sonst auf der Flüssigkeitsoberfläche schwimmen, ist unter Umständen eine Vakuuminfiltration notwendig. Vor allem für den Nachweis von RNA-Sequenzen ist eine rasche Fixierung unerläßlich, da RNA sehr schnell von RNasen abgebaut wird.

Die Fixierung konserviert die Gewebestruktur und begrenzt den weiteren Verlust von Nucleinsäuren. Während die eine Gruppe von Fixiermittel die Präparate quervernetzt (zum Beispiel Glutaraldehyd, Formaldehyd), fällt eine zweite Protein aus (zum Beispiel Ethanol oder Methanol im Verhältnis 3:1 mit Essigsäure gemischt).

Der Grad der Fixierung ist umgekehrt proportional zur Durchlässigkeit des Gewebes; das heißt, ein übermäßig stark fixiertes Gewebe mag zwar sehr gut konserviert sein, ist aber möglicherweise für Sonde und Nachweisreagentien nicht genügend permeabel. Die Wahl des Fixiermittels hängt vom Material, von der Sonde, von dem für den Nachweis der Hybridisierung benutzten bildgebenden System (zum Beispiel Licht- oder Elektronenmikroskop) und der gewünschten Sensitivität ab.

Quervernetzende Mittel erhalten zwar die Struktur des Gewebes und die in ihnen enthaltenen Nucleinsäuren, vermindern jedoch die Permeabilität, so daß Sonde und Nachweisreagentien schlecht eindringen können. In diesen Fällen kann es erforderlich sein, die Permeabilität des Gewebes vor der *in situ*-Hybridisierung durch zusätzliche Schritte zu erhöhen (Abschnitt 3.4). Präzipitierende Fixiermittel verringern die Gewebedurchlässigkeit kaum, können aber die Morphologie beeinträchtigen und zum Verlust der Nucleinsäuren führen.

Hochwertige Chromosomenpräparationen gelingen mit präzipitierenden Fixativen, die eine Spreitung der Chromosomen ermöglichen (Abschnitt 3.3.1). Schnittpräparate, vor allem für den Nachweis von mRNA und von Virussequenzen, werden gewöhnlich mit Glutaraldehyd und/oder Formaldehyd fixiert, da präzipitierende Mittel leicht zum Verlust von Nucleinsäuren führen können.

Vor jeder neuen Anwendung sollte man Art und Dauer der Fixierung sorgfältig austesten.

3.2 Objektträger und Elektronenmikroskopgitter

Proben für *in situ*-Hybridisierungen sollten auf Objektträger oder Golddrahtgitter aufgezogen werden. Auf unsauberen Objektträgern haften Kern- und Chromosomenspreitungen schlecht und werden infolgedessen während der *in situ*-Hybridisierung möglicherweise abgewaschen. Fett und Verunreinigungen auf Objektträgern können außerdem für unspezifische Signale verantwortlich sein. Für DNA:DNA-*in situ*-Hybridisierungen eignen sich mit Chromschwefelsäure behandelte Objektträger (Tabelle 3.1). Schnittpräparate für die Lichtmikroskopie sollten auf Objektträger aufgezogen werden, die mit Poly-L-Lysin oder aktiviertem 3-Aminopropyltriethoxy-Silan (APES; Tabelle 3.2) beschichtet sind. Beide Reagentien beschichten den Objektträger mit geladenen Gruppen, die die Bindung des Schnittpräparats unterstützen. Bei RNA:RNA-*in situ*-Hybridisierungen müssen besondere Vorkehrungen gegen RNasen getroffen werden (Abschnitt 8.1). Tabelle 3.2 enthält Vorsichtsmaßregeln zur Hemmung von RNasen (nämlich die Verwendung erhitzter Objektträger und Deckgläser), die für DNA:DNA-*in situ*-Hybridisierungen nicht erforderlich sind. Für elektronenmikroskopische Aufnahmen transferiert man die Schnitte auf Golddrahtgitter (zum Beispiel 400 Hexagone), die mit Pyroxylen beschichtet werden (Tabelle 3.3).

Tabelle 3.1: Behandlung von Objektträgern mit Chromschwefelsäure für die DNA:DNA-*in situ*-Hybridisierung

1. Objektträger mindestens 3 h bei Raumtemperatur in eine Lösung aus Chrom(III)-oxid in 80% (w/v) Schwefelsäure einlegen. Die üblichen Sicherheitsvorschriften für den Umgang mit starken Säuren beachten!
2. Objektträger unter fließendem Wasser 5 min waschen.
3. Gründlich in destilliertem Wasser spülen.
4. Lufttrocknen.
5. Objektträger in 100% Ethanol aufbewahren. Unmittelbar vor Gebrauch entnehmen und trocknen.

Tabelle 3.2: Beschichtete Objektträger für Schnittpräparate (für die RNA:RNA-*in situ*-Hybridisierung)

a) Poly-L-Lysin-beschichtete Objektträger

1. Objektträger 30 min in konzentrierte Salpetersäure legen.
2. In demineralisiertem Wasser bis zu 2 h spülen und dann lufttrocknen.
3. Objektträger 15 min in Aceton einlegen, anschließend 2 h bei 180°C backen.
4. Nach dem Abkühlen einen kleinen Tropfen (8 μl) Poly-L-Lysin (Molekulargewicht 300 000, 1 mg ml^{-1} in RNase-freiem demineralisiertem Wasser; Abschnitt 8.1) auf jeden Objektträger geben und mit Hilfe eines gebackenen Deckgläschens zu einem Film ausziehen.[a]
5. Objektträger über Nacht auf einer Heizplatte bei 40°C trocknen.

b) 3-Aminopropyltriethoxysilan(APES)-beschichtete Objektträger

1. Objektträger 30 min in konzentrierte Salpetersäure legen.
2. In demineralisiertem Wasser bis zu 2 h spülen und dann lufttrocknen.
3. Objektträger 10 min in Aceton einlegen, anschließend 2 h bei 180°C backen.
4. Objektträger in 2% (v/v) APES in Aceton eintauchen.
5. Gründlich in Aceton spülen.
6. Lufttrocknen.
7. Zur Aktivierung von APES Objektträger 1 h in 2,5% (v/v) Glutaraldehyd in 1 × phosphatgepufferter Saline (PBS) (mit RNase-freiem Wasser angesetzt, Abschnitt 8.1) legen.
8. Objektträger in RNase-freiem demineralisiertem Wasser waschen (Abschnitt 8.1) und lufttrocknen.

[a] Wenn die Gewebeschnitte nicht am Objektträger haften bleiben, ist es ratsam, Poly-L-Lysin als Aerosol aufzusprühen, damit ein gleichmäßiger Film den Objektträger bedeckt.

Tabelle 3.3: Herstellung pyroxylenbeschichteter Golddrahtgitter für die Elektronenmikroskopie

Reagentien

a) Butvarlösung: 0,15% (w/v) Butvar B98 (Taab Laboratories) in Chloroform.
b) Pyroxylenlösung: 4% (w/v) Pyroxylen in Amylacetat.

Methode

1. Golddrahtgitter auf Filterpapier legen und jeweils etwa 100 μl Butvarlösung auftropfen.
2. Eine große Glasschale mit destilliertem oder demineralisiertem Wasser füllen und einen kleinen Tropfen (etwa 50 μl) Pyroxylenlösung auf die Wasseroberfläche geben. Es sollte sich ein dünner gleichmäßiger Film bilden.

3. Gitter auf diesen Film legen (mit der butvarbeschichteten Fläche nach unten).
4. Den Pyroxylenfilm abnehmen, indem ein Filterpapier auf die Oberfläche gelegt und sofort, nachdem es durchtränkt ist, wieder entfernt wird. Die Gitter und der Film sollten am Filterpapier haften bleiben.
5. Gitter trocknen lassen und mit Kohlenstoff beschichten, falls besondere Stabilität erforderlich ist (in der Regel nicht nötig).
6. Geschnittene Probe auf die beschichtete Seite des Gitters aufbringen.

3.3 Herstellung von Präparaten

3.3.1 Zellspreitungen

Für die DNA:DNA-*in situ*-Hybridisierung sind Chromosomenpräparate höchster Qualität erforderlich. Vor allem Reste von Cytoplasma und anderen zellulären Strukturen verschlechtern das Hybridisierungssignal und erzeugen eine starke Hintergrundstrahlung. Im Idealfall sollten die Zellen vereinzelt liegen, jedoch nicht so weit voneinander entfernt, daß sie nur schwer aufzufinden sind. Gelungene Chromosomenpräparationen sind in getrocknetem Zustand im Phasenkontrastmikroskop mit hohem Kontrast zu erkennen (Abschnitt 7.2.1).

Leider läßt sich der Erfolg einer Spreitung von allen Arbeitsschritten der *in situ*-Hybridisierung am wenigsten kontrollieren. Sogar innerhalb desselben Präparates können Unterschiede auftreten; ein unzulänglich gespreiteter Metaphasekern zeigt möglicherweise überhaupt kein Signal nach der *in situ*-Hybridisierung, während im Kern daneben ein starkes Signal sichtbar ist. Eine ungleichmäßige Spreitung ist vermutlich die Ursache für qualitative Unterschiede innerhalb vieler Präparate (Abschnitt 8.10.3). Mit zunehmender Erfahrung wächst die Geschicklichkeit bei der Spreitung.

Pflanzenzellen. Jedes pflanzliche Gewebe, in dem Zellteilungen stattfinden, eignet sich für eine Präparation. In der Regel präpariert man junge Wurzelspitzenmeristeme (die sich unmittelbar unter der Wurzelhaube befinden), andere Gewebe können jedoch ebenfalls verwendet werden, so zum Beispiel wachsende Antheren (Staubbeutel), Endosperm oder Apikalmeristeme. Die Zahl der Metaphasezellen läßt sich durch die Behandlung mit Eiswasser oder Mitteln, die die Ausbildung einer Spindel blockieren (zum Beispiel Colchicin), vor der Fixierung erhöhen. Pflanzliches Gewebe sollte man unter Beachtung der üblichen Laborregeln mit sauberen Geräten und Glaswaren verarbeiten, da sonst die Ausbeute an Metaphasekernen zu gering ist.

Anders als bei tierischen Zellen stellt die pflanzliche Zellwand eine erhebliche Barriere dar, weil sie das Eindringen der Sonde erschwert und ein starkes Hintergrundsignal verursacht. Gewöhnlich entfernt man daher die Zellwand nach der Fixierung enzymatisch.

In Tabelle 3.4 sind zwei Methoden zur Herstellung von mitotischen Chromosomenpräparationen aus pflanzlichen Meristemen beschrieben: die Quetsch- und die Tropftechnik. Die Qualität der Spreitung ist bei Quetschpräparaten meist besser, die Chromosomen sind jedoch weniger empfindlich für die *in situ*-Hybridisierung. Für den *in situ*-Nachweis von schwachrepetitiven Sequenzen in Pflanzenchromosomen hat sich daher die Tropfmethode bewährt.

Säugerzellen. Prinzipiell sind alle Suspensionskulturen geeignet, die sich teilende Zellen enthalten, wie kurzzeitig kultivierte Blutzellen und trypsinisierte Zellen beispielsweise von Fibroblasten- oder Epithelzellkulturen. Häufig erhöht man die Zahl der Metaphasezellen durch eine Colcemidbehandlung.

Tabelle 3.4: Präparation von Metaphasechromosomen aus Pflanzenmeristemen

Reagentien

a) Fixierlösung (frisch ansetzen): 3 Teile 100% Ethanol oder Methanol auf 1 Teil Eisessig
b) 10 × Enzympuffer (pH 4,8):
   40 mM Zitronensäure
   60 mM Natriumcitrat
   Zum Gebrauch 1:10 in Wasser verdünnen.
c) 2 × Enzymlösung:
   2% (w/v) Cellulase (1,8% (w/v) Trockensubstanz von *Aspergillus niger,* Calbiochem, 0,2% (w/v) ‚Onozuka' RS)
   20% (v/v) Pektinase (aus *Aspergillus niger,* Lösung in 40% Glycerin, Sigma)
   In 1 × Enzympuffer ansetzen.
   In kleinen Portionen bei –20°C lagern.

Methoden

a) Anreicherung von Metaphasen und Fixierung

1. Zur Anreicherung von Metaphasen werden Wurzelspitzen, Knospen und andere Meristeme mit einem der folgenden Mittel behandelt:
   – Belüftetes (mit Kohlensäure versetztes) destilliertes Wasser bei 0°C (Eiswasser) für 24 h (optimal für Getreide).
   – 0,01–0,05% (w/v) Colchicin 3–6 h bei Raumtemperatur oder 16–24 h bei 4°C (für die meisten Pflanzengewebe geeignet).
   – 2 mM 8-Hydroxyquinolin 1–2 h bei Raumtemperatur und anschließend 1–2 h bei 4°C (für Dikotyledonen, insbesondere solche mit kleinen Chromosomen, zum Beispiel *Arabidopsis*).
2. Material danach sofort in frisch angesetzter Fixierlösung mindestens 10 h bei Raumtemperatur fixieren. Einige Experimentatoren übertragen das Gewebe an diesem Punkt in 100% Ethanol.

3. Fixiertes Gewebe kann bis zu drei Monate bei –20°C aufbewahrt werden, bevor mit einer der beiden folgenden Methoden Chromosomenpräparate angefertigt werden.

b) Chromosomenpräparationen

Quetschpräparate (modifiziert nach Schwarzacher et al., 1980)

1. Um das Fixiermittel zu entfernen, wird das Gewebe 3×5 min in $1 \times$ Enzympuffer gewaschen.
2. Zum Abbau der Zellwand Gewebe in $1 \times$ oder $2 \times$ Enzymlösung geben und bei 37°C so lange inkubieren, bis das Gewebe weich, aber die Struktur noch erhalten ist (meist 1–2 h). Inkubationszeit und Enzymkonzentration müssen auf das Untersuchungsmaterial abgestimmt werden; je stärker das Gewebe fixiert wurde, um so länger dauert gewöhnlich der Abbau der Zellwände.
3. Gewebe mindestens 15 min in $1 \times$ Enzympuffer waschen.
4. 1–3 min in 45% wäßrige Essigsäure geben.
5. Chromosomenpräparate in 45% Essigsäure auf mit Chromschwefelsäure gereinigten Objektträgern (Tabelle 3.1) herstellen. Nur Meristeme verwenden, andere Gewebe weitgehend entfernen (das heißt, Wurzelhaube entfernen und Zellen aus den verbleibenden subterminalen 1–3 mm herauslösen). Probe in einer geringen Menge Flüssigkeit auf ein sauberes Deckglas aufbringen (Deckgläser nicht mit Chromschwefelsäure behandeln, da Chromosomen sonst daran haften bleiben). Material zwischen Deckglas und Objektträger verteilen, indem man mit einer Präpariernadel vorsichtig auf das Deckglas klopft. Zellen mit so viel Druck quetschen, daß der Daumennagel weiß wird.
6. Objektträger mit frischer Spreitung 5–10 min auf Trockeneis legen oder in flüssigen Stickstoff eintauchen, dann Deckglas mit Hilfe einer Rasierklinge wegschnippen.
7. Lufttrocknen lassen. Die Qualität der Präparate sollte geprüft und nur die besten Spreitungen weiter verwendet werden (Abschnitt 7.2.1); in unserem Labor werden regelmäßig 50% der Präparate verworfen. Man kann die Objektträger unter Feuchtigkeitsausschluß bis zu einem Monat im Kühl- oder Gefrierschrank aufbewahren.

Tropfpräparate (modifiziert nach Ambros et al., 1986)

1. Um das Fixiermittel zu entfernen, wird das Gewebe 3×5 min in $1 \times$ Enzympuffer gewaschen. Nichtmeristematisches Gewebe soweit wie möglich entfernen (das heißt, Wurzelhaube entfernen und nur die subterminalen 3 mm der Wurzelspitze verwenden).
2. Zum Abbau der Zellwandsubstanz Gewebe in ein 1,5 ml Reaktionsgefäß mit $2 \times$ Enzymlösung übertragen und bei 37°C inkubieren, bis das Material weich ist und leicht zerfällt (gewöhnlich etwa 2 h). Probe vorsichtig mit einer Pipette verteilen. Inkubationszeit und Enzymkonzentration müssen auf das Untersuchungsmaterial abgestimmt werden. Je stärker das Gewebe fixiert wurde, um so länger dauert in der Regel der Abbau der Zellwände.
3. Bei 800 *g* 3 min zentrifugieren, Überstand verwerfen und 1 ml frischen $1 \times$ Enzympuffer zugeben. Pellet mit einer Pipette resuspendieren und 1 min stehen lassen.
4. Schritt 3 zweimal wiederholen.
5. Bei 800 *g* 3 min zentrifugieren, Überstand verwerfen, 1 ml frische Fixierlösung zugeben, und das Pellet mit Hilfe einer Pipette resuspendieren.
6. Schritt 5 zweimal wiederholen, dann 3 min bei 800 *g* zentrifugieren, Überstand verwerfen und Pellet in 50–100 μl frischer Fixierlösung resuspendieren.
7. Auf einen mit Chromschwefelsäure behandelten Objektträger (Tabelle 3.1) 10–20 μl der Zellsuspension aus 5 cm Höhe auftropfen und durch vorsichtiges Blasen verteilen.
8. Objektträger lufttrocknen. Die Qualität der Präparate überprüfen und nur die besten Spreitungen weiter verwenden (Abschnitt 7.2.1); in unserem Labor werden regelmäßig 50% der Präparate verworfen. Die Objektträger können unter Feuchtigkeitsausschluß bis zu einem Monat im Kühl- oder Gefrierschrank aufbewahrt werden.

Für die pränatale Diagnostik legt man aus der Amnionflüssigkeit Mono-layer- oder Primärkulturen an; in gleicher Weise verfährt man mit Biopsie-gewebe für die Tumorzytogenetik. Die Kultivierung kann Veränderungen der Chromosomen induzieren und bestimmten Zellen oder Zellpopulationen einen Selektionsvorteil bieten. Aus diesem Grund bevorzugt man für die *in situ*-Hybridisierung immer häufiger unkultivierte Zellen, wobei man aller-dings auf die Analyse von Interphasekernen angewiesen ist.

Die Behandlung mit einer hypotonen Lösung ist ein wichtiger Arbeits-gang bei der Spreitung tierischer Zellen, der für Pflanzenzellen nicht ge-bräuchlich ist. Durch diese Behandlung schwellen die Zellen an, und die Chromosomen trennen sich vor der Fixierung voneinander. Für die Sprei-tung tropft man die fixierte Suspension auf einen Objektträger. Ebenso wie bei Pflanzenchromosomen erfordert dieser Schritt eine gewisse Erfahrung; wie manche Arbeitsgruppen berichten, gelingt die Spreitung nur unter bestimmten Bedingungen: So muß man zum Beispiel den Objektträger beim Abtropfen der Zellsuspension in einem bestimmten Winkel halten.

Bevor die Zellkulturen geerntet werden, kann man zur Markierung von frisch replizierter DNA Bromdeoxyuridin (BrdU) zugeben. BrdU verstärkt die Elongation der Chromosomen und ermöglicht den Nachweis von spät repli-zierten (G-)Banden, wenn parallel zur *in situ*-Hybridisierung ein markierter Antikörper gegen BrdU eingesetzt wird (zum Beispiel Lawrence et al., 1990).

Ein Protokoll für die Präparation von Metaphasechromosomen aus Säu-gerzellkulturen ist in Tabelle 3.5 angegeben. Wie Chromosomen für elek-tronenmikroskopische Untersuchungen präpariert werden, beschreiben Na-rayanswami und Hamkalo (1991).

Drosophila. Wie man polytäne Chromosomen spreitet, beschreiben Lan-ger-Safer et al. (1982). Für die Zellspreitung verwendet man frisch fixierte Speicheldrüsen, die auf Objektträger gequetscht werden.

Tabelle 3.5: Präparation von Metaphasechromosomen aus Säugerzellkulturen (modifi-ziert nach Schwarzacher, 1976)

Reagentien

a) Hypotone Lösung:
   75 mM Kaliumchlorid *oder*
   0,8–1,2% Citratlösung (zum Beispiel Natriumcitrat) *oder*
   1 Teil Kulturmedium + 3 Teile destilliertes Wasser
b) Fixierlösung (frisch ansetzen): 3 Teile 100% Ethanol oder Methanol auf 1 Teil Eisessig

Methode

1. Um die Anzahl der Metaphasezellen zu erhöhen, behandelt man 10–100 ml der Kultur 1–2 h bei 37°C mit 0,01 Colcemid (Dauer auf Zelltyp und Spezies abstimmen).

2. Zellen in ein 15 ml Zentrifugenröhrchen aus Glas oder Polypropylen übertragen und 10 min bei 350–500 *g* zentrifugieren.

3. Überstand vorsichtig abgießen. Zellsediment in restlicher Flüssigkeit durch Schütteln resuspendieren. Keine Pipette benutzen.

4. Nach Zugabe von etwa 10 ml vorgewärmter (37°C oder Raumtemperatur) hypotoner Lösung 10–20 min bei 37°C oder 20–40 min bei Raumtemperatur inkubieren. Die hypotone Lösung läßt die Zellen anschwellen und erleichtert das Entwirren der Chromosomen und damit die Spreitung. Temperatur und Zeit sind kritisch und abhängig von Zelltyp und Spezies. Je länger die Behandlung und je höher die Temperatur, umso stärker schwellen die Zellen an. Nicht ausreichend behandelte Zellen lassen sich schlecht spreiten, zu stark behandelte platzen zu früh, und die Chromosomen gehen verloren.

5. Bei 350–500 *g* 10 min zentrifugieren.

6. Überstand abgießen und Sediment durch Schütteln lösen.

7. In etwa 10 ml Fixierlösung resuspendieren; zunächst 1 ml tropfenweise zugeben und nach jedem Tropfen gut schütteln. 10 min bei Raumtemperatur stehen lassen.

8. Die Schritte 5 bis 7 zwei- bis dreimal wiederholen. Dadurch wird die Suspension gereinigt und die Qualität der Spreitung verbessert.

9. An dieser Stelle kann die Suspension mehrere Tage im Kühlschrank aufbewahrt werden.

10. Für die Spreitung wird die Suspension wie in Schritt 5 zentrifugiert und in 0,5–1 ml Fixierlösung gut suspendiert. Ein oder zwei Tropfen der Suspension aus einer Höhe von wenigen Zentimetern auf einen gereinigten Objektträger (Tabelle 3.1) auftropfen. Durch Schwenken oder Pusten trocknen. Im Mikroskop die Zelldichte und die Qualität der Spreitung kontrollieren. Wenn die Chromosomenspreitung nicht befriedigend ist, die Schritte 5–7 wiederholen.

11. Die besten Präparate auswählen und, wenn gewünscht, unter Feuchtigkeitsausschluß bei 4°C (oder –20°C) lagern.

3.3.2 Gewebeschnitte

Für die Lokalisierung zellulärer DNA und RNA sowie für den Nachweis von Bakterien, Viren und Virussequenzen werden bevorzugt Gewebeschnitte verwendet. Zum Schneiden wird das Gewebe entweder fixiert und in Paraffinwachs (zum Beispiel Abbildung 2.7a und b) oder in Harz (zum Beispiel Abbildung 2.3 und 2.4) eingebettet oder rasch eingefroren und im Kryostat geschnitten. Das Medium, in das man das Präparat einbettet, muß die Zielsequenz und die Gewebemorphologie bewahren. Gefrierschnitte ermöglichen zwar eine höhere Nachweissensitivität; die Gewebestruktur wird bei dieser Technik jedoch oft zerstört, die Handhabung der Schnitte ist schwieriger, und nicht alle Gewebe eignen sich für diese Methode. Die Wahl des Einbettmediums richtet sich danach, welches Gewebe man untersuchen will und wie empfindlich das Nachweisverfahren sein soll. Für die Lichtmikroskopie werden die Schnitte auf Objektträger aufgezogen, für das Elektronenmikroskop auf beschichtete Golddrahtgitter (Tabellen 3.1 bis 3.3).

Paraffineinbettung. In Paraffin eingebettetes Gewebe ist morphologisch oft ausgezeichnet konserviert (Abbildung 2.7) und eignet sich für die Herstellung von Serienschnitten. Paraffinschnitte werden routinemäßig in der Pathologie angefertigt; diese kann man auch für die in situ-Hybridisierung verwenden. Vor der Einbettung in Paraffinwachs muß das Gewebe fixiert und entwässert werden. Aus diesem Material gewinnt man die Schnitte für die Lichtmikroskopie (7–10 µm dick, bei einem Minimum von 2 µm). Damit die Sonde in das Präparat eindringen kann, entfernt man das Paraffin vor der in situ-Hybridisierung aus dem Material. Ein Protokoll für Fixierung und Paraffineinbettung zum Nachweis von mRNA findet sich in Tabelle 3.6.

Bei einigen Geweben wird die Morphologie durch ihre Einbettung in Paraffin beeinträchtigt. In diesen Fällen verspricht das wasserlösliche Polyethylenglycol (Molekulargewicht 1000 oder 1500) unter Umständen bessere Ergebnisse; die Schnitte lassen sich jedoch nicht so gut handhaben (Harris et al., 1990).

Tabelle 3.6: Fixierung und Einbettung in Paraffin

Vorsichtsmaßnahmen gegen RNase-Aktivität

Wenn Proben für RNA-in situ-Hybridisierungen aufgearbeitet werden, sollte man die in Abschnitt 8.1 erläuterten Vorsichtsmaßnahmen gegen RNase-Aktivitäten bei allen Arbeitsschritten berücksichtigen.

Reagentien

a) Fixierlösung (frisch ansetzen): 4% (w/v) Paraformaldehyd in 1 × PBS, pH 7,2 (Abschnitt 8.1.1).

b) Ethanolreihe: 30%, 50%, 75%, 85% (v/v) Ethanol in 0,85% (w/v) NaCl, 95% (v/v) Ethanol in Wasser und 100% Ethanol. Mit Hilfe einer Vakuumpumpe entgasen und vor Gebrauch kühlen.

Methode

1. Fixierung der Probe bei 4°C über Nacht (Pflanzengewebe) oder 30 min (einzelne tierische Zellen) bis 3 h (tierisches Gewebe) bei Raumtemperatur.

   a) Gewebe entnehmen und direkt in Fixierlösung geben. Lufthaltiges Gewebe muß unter Vakuum infiltriert werden, indem die Probe zunächst unter die Flüssigkeitsoberfläche getaucht wird (zum Beispiel mit Hilfe eines feinen Drahtsiebs) und dann das Vakuum angelegt wird. Die Probe sollte untergehen, sobald belüftet wird. Die Fixierlösung muß anschließend erneuert werden, da flüchtige Bestandteile im Vakuum verdunsten.

   b) Zellsuspensionen abzentrifugieren (5 min bei 200 g) und bei 55°C in flüssiger 1% (w/v) niedrigschmelzender Agarose in 1 × PBS (Anhang) resuspendieren. Nach Erstarren wird der Agarblock 1 h bei Raumtemperatur nachfixiert und anschließend wie ein Gewebeblock behandelt.

2. Fixierte Probe in 0,85% (w/v) NaCl 30 min auf Eis waschen.

3. Zum Entwässern jeweils 90 min (pflanzliches Material) beziehungsweise jeweils 30 min (tierisches Material) in der Ethanolreihe (30–100% Ethanol) auf Eis einlegen und über Nacht bei 4°C in 100% Ethanol einlegen.

4. Absoluten Alkohol durch frischen ersetzen und 1 h (pflanzliches Material) beziehungsweise 30 min (tierisches Material) bei Raumtemperatur belassen. Dann in 1 Teil 100% Ethanol auf 1 Teil Histo-Clear (Data Diagnostics) geben und 1 h (pflanzliches Material) oder 30 min (tierisches Material) bei Raumtemperatur inkubieren. Anschließend dreimal 1 h in 100% Histo-Clear bei Raumtemperatur inkubieren.

5. Für die Einbettung die Probe in frische Histo-Clear-Lösung übertragen und die Hälfte des Volumens an Paraffinspänen zugeben; bei 40°C über Nacht stehen lassen. In geschmolzenes Paraffin transferieren und bei 60°C inkubieren. Paraffin drei Tage lang zweimal täglich wechseln. Je nach Gewebe kann dieser Schritt unter Umständen verkürzt werden. Unzulänglich eingebettetes Material läßt sich jedoch nur schlecht schneiden.

6. Probe in eine flexible Plastikform mit geschmolzenem Paraffin geben. Form im Wasserbad schwimmen lassen, damit sich das Paraffin verfestigt. Nucleinsäuren im Wachsblock sind stabil, und die Blöcke können bei 4°C mehrere Monate oder Jahre aufbewahrt werden.

7. Zum Anfertigen der Schnitte wird der Paraffinblock trapezförmig zurechtgeschnitten und die längere der parallelen Seiten zum Mikrotommesser hin ausgerichtet. Die Schnittdicke beträgt gewöhnlich 10 μm. Bänder von Serienschnitten werden in Wasser gelegt und auf Poly-L-Lysin-beschichtete Objektträger aufgezogen (Tabelle 3.2). Anschließend plaziert man die Objektträger für einige Minuten auf eine 40°C warme Heizplatte, damit sich die Schnitte ausbreiten können. Das Wasser wird abgegossen, und die Schnitte über Nacht auf der Heizplatte getrocknet.

8. Um das Wachs zu entfernen, wäscht man die Schnitte zweimal 10 min in Histo-Clear.

9. Schnitte in der abnehmenden Ethanolreihe (100–30%) jeweils 1 min rehydrieren. Vor der *in situ*-Hybridisierung 5 min in 1 × PBS (Anhang) inkubieren.

Einbettung in Harze. Wenn eine hohe Auflösung im Licht- oder Elektronenmikroskop erwünscht ist, wird das Gewebe nach Fixierung mit quervernetzenden Mitteln wie Glutaraldehyd in Acrylharz eingebettet (Abbildungen 2.3 und 2.4). Nach der Polymerisation lassen sich ultradünne Schnitte anfertigen (0,1–0,25 μm). Man verwendet die hydrophilen Acrylharze anstelle von Epoxidharzen, damit Sonde und Nachweisreagentien leichter eindringen können. Wie man Gewebe für *in situ*-Hybridisierungen in Acrylharz einbettet, ist in Tabelle 3.7 beschrieben.

Tabelle 3.7: Einbetten in Acrylharz und Anfertigung von Schnitten für die *in situ*-Hybridisierung

Reagentien

a) Fixierpuffer (pH 6,9):
   A = 0,1 M Na_2HPO_4
   B = 0,1 M KH_2PO_4
3 Teile A mit 2 Teilen B mischen.
b) Fixierlösung:
   2% (v/v) Glutaraldehyd (für Elektronenmikroskopie)
   0,2% (v/v) gesättigte wäßrige Pikrinsäurelösung
Im Fixierpuffer ansetzen.

Methode

1. Material 2 h bei Raumtemperatur in Fixierlösung einlegen.
2. Im Fixierpuffer 2 × 5 min waschen.
3. Zum Entwässern jeweils 10 min in 10%, 20%, 30%, 50%, 70%, 90% und 2 × 100% Ethanol einlegen.
4. Einbettung in LR White (medium grade; London Resin Company), indem das Ethanol stufenweise durch LR White ersetzt wird: Ethanol-LR White 3:1 (30 min), 1:1 (30 min), 1:3 (30 min) und anschließend 100% LR White für 2 Tage bei fünfmaligem Wechsel des Harzes.

5. Bei 65°C 15 h polymerisieren lassen.
6. Der Harzblock wird trapezförmig zurechtgeschnitten und mit der Längsseite zur Messerschneide hin ausgerichtet. Man überträgt die Schnitte in eine 1% (v/v) Lösung von Benzylalkohol in Wasser, damit sie sich nach der Kompression durch den Schnitt wieder strecken. Bei Verwendung eines Diamantmessers ist Vorsicht angebracht, da der Messerkitt durch Benzylalkohol angegriffen wird. Gewöhnlich werden 0,1–0,25 μm dicke Schnitte angefertigt.

Schnitte für Objektträger
Objektträger werden mit Poly-L-Lysin beschichtet (Tabelle 3.2) oder mit Vectabond (Vector Laboratories) nach Anweisung des Herstellers behandelt. Mit Vectabond lassen sich sehr gute Ergebnisse erzielen, die Schnitte lassen sich leicht aufziehen und zeigen nach der Hybridisierung wenig Hintergrund. Die Schnitte können mit Hilfe einer Metallöse (oder eines 2 mm EM-Gitters) auf die Objektträger aufgebracht werden.

Schnitte für EM-Gitter
Die Schnitte werden auf feine Golddrahtgitter (zum Beispiel 400 Maschen) übertragen, die, wie in Tabelle 3.3 beschrieben, vorbereitet werden.

Gefrierschnitte. Gefrierschnitte lassen sich sehr schnell herstellen: Man kann eine Gewebeprobe am selben Tag einfrieren, schneiden und mit einer Sonde hybridisieren.

Man fixiert das Gewebe entweder bevor (Giaid et al., 1990) oder nachdem (Cornish et al., 1987) man es eingefroren und geschnitten hat. Welche Methode vorzuziehen ist, hängt von der Art des Gewebes ab. Wenn man mRNA nachweisen will, empfiehlt es sich, das Gewebe zunächst zu fixieren, um die RNasen zu inaktivieren und eine Diffusion der Zielsequenzen zu verhindern.

Die Präparation von Gefrierschnitten für die *in situ*-Hybridisierung ist in Tabelle 3.8 beschrieben.

Tabelle 3.8: Gefrierschnitte von pflanzlichem Gewebe für eine *in situ*-Hybridisierung mit anschließender lichtmikroskopischer Untersuchung

Reagentien

a) Fixierpuffer (pH 6,9):
   A = 0,1 M Na_2HPO_4
   B = 0,1 M KH_2PO_4
3 Teile A mit 2 Teilen B mischen.

b) Fixierlösung:
   2% (v/v) Glutaraldehyd (für Elektronenmikroskopie)
   0,2% (v/v) gesättigte wäßrige Pikrinsäurelösung
Im Fixierpuffer ansetzen.

c) Frierschutz und Klebemittel, zum Beispiel O.C.T. compound (Tissue-Tek, Agar Scientific).

Methode

1. Material 2 h bei Raumtemperatur im Fixiermittel fixieren.
2. Im Fixierpuffer 2 × 5 min waschen.

3. Auf Filterpapier weitestgehend trocknen.
4. Gewebe im Medium für gefrorene Gewebeproben (Tissue-Tek) einbetten.
5. Bei –20°C einfrieren.
6. Gefrorenen Gewebeblock in Halterung des Kryostatmikrotoms einspannen. Bei –14°C 10–20 μm dicke Schnitte anfertigen. Die Stahlklinge sollte scharf und richtig justiert sein.
7. Schnitte auf beschichtete Objektträger (Tabelle 3.2) aufziehen.
8. Vor der *in situ*-Hybridisierung auftauen und lufttrocknen lassen.

3.3.3 Ganzkörperpräparationen

Um ganze Organismen (zum Beispiel *Drosophila*-Embryonen; Tautz und Pfeifle, 1989), Organe (zum Beispiel junge Erbsenembryonen; Harris et al., 1990) oder intakte Zellen zu untersuchen, können Proben bis zu einem Durchmesser von 1–2 mm mit präzipitierenden oder quervernetzenden Mitteln fixiert werden. Intakte Organismen oder frische Vibratomschnitte unterzieht man anschließend dem üblichen *in situ*-Hybridisierungsverfahren (Abbildung 2.6). Vor allem für den Nachweis von mRNA erfreut sich diese Methode zunehmender Beliebtheit (Rosen und Beddington, 1993).

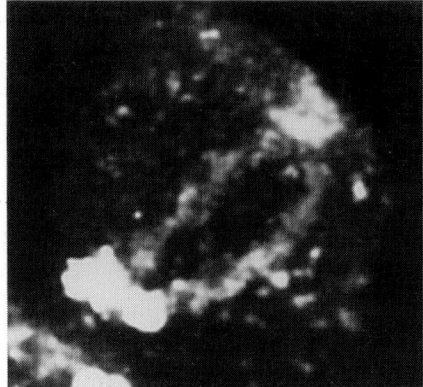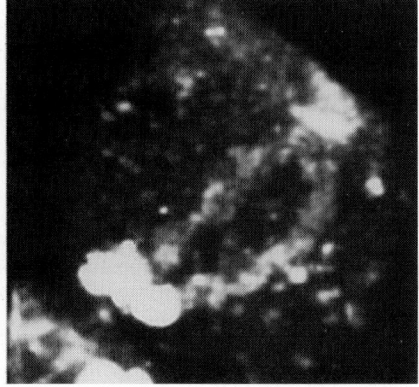

3.1 Das Stereobildpaar einer um 3° gegeneinander gedrehten DNA:DNA-*in situ*-Hybridisierung zeigt einen Zellkern, in dem ein Paar Chromosomenarme nachgewiesen wurde. Mit einem konfokalen Rasterlasermikroskop wurden optische Schnitte durch das Präparat gelegt, und die rekonstruierte Zelle auf einem Bildschirm dargestellt. Der Zellkern stammt aus Wurzelspitzen einer Weizensorte, die eine Translokation des Weizenchromosoms 1B mit dem Roggenchromosom 1R trägt (*Triticum aestivum* cv. Beaver). Um die Roggenchromosomenarme zu lokalisieren, wurde biotinylierte genomische Gesamt-DNA aus Roggen zusammen mit unmarkierter Blockade-DNA aus Weizen *in situ* hybridisiert und mit Texas-Red-gekoppeltem Avidin sichtbar gemacht. Die Roggenchromosomenarme bilden zwei gestreckte Domänen. Die großflächigen Hybridisierungsstellen am unteren Bildrand stammen von subtelomerem Heterochromatin, das wenig bis gar nicht dekondensiert ist. Photographien in Zusammenarbeit mit Dr. D. Rawlins.

Bei der Verarbeitung ganzer Organismen oder Organe kann das Eindringen von Sonde und Nachweisreagentien Schwierigkeiten bereiten. Pflanzliches Material sollte mit zellwandabbauenden Enzymen vorbehandelt werden (zum Beispiel Cellulase oder Pektinase – wie bereits für Chromosomenpräparationen beschrieben, Tabelle 3.4, Schritt b2). Wenn die Sonde mit Antikörpern nachgewiesen wird (zum Beispiel Anti-Digoxigenin), lassen sich unspezifische Hintergrundsignale durch eine vorgeschaltete Absorption der Antikörper an Kontrollmaterial (das nicht für das eigentliche Experiment bestimmt ist) vermindern, das unspezifische Antikörper abfängt. Der wesentliche Vorteil von Ganzkörperpräparaten besteht darin, daß die Topographie des Gewebes erhalten bleibt. Setzt man zur Signalauswertung ein konfokales Rasterelektronenmikroskop ein oder analysiert die Schnitte mit digitaler Bildverarbeitung (Abschnitt 7.2.5 und 7.2.6), so erhält man sogar dreidimensionale Informationen über die Präparate (zum Beispiel Abbildung 3.1).

3.4 Vorbehandlung des Materials

Vor der *in situ*-Hybridisierung werden die Proben einigen Vorbehandlungen unterzogen, um eine unspezifische Hybridisierung der Sonde mit anderen Sequenzen als der Zielsequenz zu vermeiden und um unspezifische Wechselwirkungen mit Proteinen oder anderen Zellbestandteilen, die die Sonde binden könnten, zu verhindern. Die Vorbehandlungen erleichtern außerdem das Eindringen von Sonde und Nachweisreagentien und stabilisieren die Zielsequenzen.

RNase. Wenn DNA-Sequenzen nachgewiesen werden sollen, entfernt man gewöhnlich die RNA in Cytoplasma und Kern durch Inkubation mit RNase A (die einzelsträngige RNA abbaut), damit die Sonde nicht mit der RNA hybridisiert. Dieser Schritt ist besonders wichtig bei Zielsequenzen, die transkribiert werden.

Acetylierung. Die Acetylierung neutralisiert positiv geladene Moleküle, wie basische Proteine, und verhindert eine unspezifische Bindung der Sonde an Poly-L-Lysin-beschichtete Objektträger. Auch endogenes Biotin, das bei Verwendung biotinylierter Sonden störend wirkt, läßt sich durch Acetylierung ausschalten. Diese Vorbehandlung ist fakultativ, sie wird jedoch im Gegensatz zur DNA:DNA-*in situ*-Hybridisierung bei der RNA:RNA-*in situ*-Hybridisierung häufig durchgeführt.

Permeabilisierung. Eine Inkubation mit proteinabbauenden Enzymen (zum Beispiel Pronase E, Proteinase K oder Pepsin/HCl) macht Gewebe für Sonde und Nachweisreagentien zugänglicher; dieser Vorgang wird als Permeabilisierung bezeichnet. Die Wirkung dieser Enzyme besteht vermutlich darin, daß sie die Nucleinsäuren von assoziierten Proteinen befreien. Vor allem nach einer Quervernetzung der Proteine mit Glutaraldehyd oder Formaldehyd ist eine solche Behandlung unbedingt erforderlich. Für den Nachweis repetitiver Sequenzen in Zellspreitungen kann man diesen Schritt auslassen. Zur Permeabilisierung von Zellspreitungen kommt man mit geringeren Enzymkonzentrationen als bei Gewebeschnitten aus (Abschnitt 8.2.1). So kann Proteinase K beispielsweise in Konzentrationen von 0,01 μg ml^{-1} (Zellspreitungen und ganze Organe/Organismen) über 0,5 μg ml^{-1} (Gefrierschnitte) bis zu 1–5 μg ml^{-1} (Harzschnitte) eingesetzt werden. Wenn die Reagentien nur schlecht in die Präparate eindringen, kann die Konzentration erhöht, wenn sie die Morphologie beeinträchtigen, verringert werden.

Fixierung vor der Hybridisierung und Trocknung. Fixiert man die Präparate bereits vor der Hybridisierung, so läßt sich die Diffusion und der Verlust an zellulärer RNA und DNA verhindern beziehungsweise verringern. Diese Behandlung stabilisiert darüber hinaus die Chromosomen vor der drastischen Denaturierung, die den Verlust von DNA zur Folge haben kann.

Im Anschluß an die Fixierung wird das Präparat in einer Ethanolreihe entwässert und an der Luft getrocknet. Das Trocknen ist nicht unbedingt notwendig, stellt aber sicher, daß die Sonde nicht mit Resten der Prähybridisierungslösung verdünnt wird. In Acrylharz eingebettete Präparate werden nicht entwässert, da das Harz alkoholabweisend ist.

Arbeitsvorschriften für die Vorbehandlungen finden sich in den Abschnitten 8.1.1 (RNA:RNA-*in situ*-Hybridisierung) sowie 8.2.1 (DNA:DNA-*in situ*-Hybridisierung).

3.5 Literatur

Ambros PF, Matzke MA, Matzke AJM. (1986) Detection of a 17 kb unique sequence (T-DNA) in plant chromosomes by *in situ* hybridization. *Chromosoma* 94, 11–18.

Cornish EC, Pettitt JM, Bonig I, Clarke AE. (1987) Developmentally controlled expression of a gene associated with self incompatibility in *Nicotiana alata*. *Nature* 326, 99–102.

Giaid A, Gibson SJ, Steel J, Facer P, Polak JM. (1990) The use of complementary RNA probes for the identification and localisation of peptide messenger RNA in the diffuse neuroendocrine system. *Soc. Exp. Biol. Semin. Ser.* 40, 43–68.

Harris N, Mulcrone J, Grindley H. (1990) Tissue preparation techniques for *in situ* hybridization studies of storage-protein gene expression during pea seed development. *Soc. Exp. Biol. Semin. Ser.* 40, 175–188.

Langer-Safer PR, Levine M, Ward DC. (1982) Immunological method for mapping genes on *Drosophila* polytene chromosomes. *Proc. Natl. Acad. Sci. USA* 79, 4381–4385.

Larsson LI, Hougaard DM. (1990) Optimization of non-radioactive *in situ* hybridization: image analysis of varying pretreatment, hybridization and probe labelling conditions. *Histochemistry* 93, 347–354.

Lawrence JB, Singer RH, McNeil JA. (1990) Interphase and metaphase resolution of different distances within the human dystrophin gene. *Science* 249, 928–932.

McFadden GI. (1989) *In situ* hybridization in plants: from macroscopic to ultrastructural resolution. *Cell Biol. Int. Rep.* 13, 3–21.

McFadden GI, Ahluwalia B, Clarke AE, Fincher GB. (1988) Expression sites and developmental regulation of genes encoding (1–3, 1–4)-β-glucanases in germinated barley. *Planta* 173, 500–508.

Mouras A, Negrutiu I, Horth M, Jacobs M. (1989) From repetitive DNA sequences to single copy gene mapping in plant chromosomes by *in situ* hybridization. *Plant Physiol. Biochem.* 27, 161–168.

Narayanswami S, Hamkalo B. (1991) DNA sequence mapping using electron microscopy. *Genet. Anal. Techniq. Applic.* 8, 14–23.

Rosen B, Beddington RSP. (1993) Whole-mount *in situ* hybridization in the mouse embryo: gene expression in three dimensions. *Trends Genet.* 9, 162–167.

Schwarzacher HG. (1976) *Chromosomes in Mitosis and Interphase.* S. 182. Springer-Verlag, Berlin.

Schwarzacher T, Ambros P, Schweizer D. (1980) Application of Giemsa banding to orchid karyotype analysis. *Plant Systematics and Evolution* 134, 293–297.

Tautz D, Pfeifle C. (1989) A non-radioactive *in situ* hybridization method for the localization of specific RNAs in *Drosophila* embryos reveals translational control of the segmentation gene *hunchback*. *Chromosoma* 98, 81–85.

4.
Nucleinsäuresonden, Markermoleküle und Markierungstechniken

4.1 Sonden

DNA-Sequenzen weist man gewöhnlich mit markierten DNA-Sonden nach, während RNA-Sequenzen entweder mit DNA- oder RNA-Sonden nachgewiesen werden. Die optimale Länge einer Sonde für eine *in situ*-Hybridisierung beträgt 100–300 Basen. Kürzere Sonden bilden nicht so stabile Nucleinsäurepaare, längere Sonden (insbesondere solche, die größer als 1 kbp sind) dringen dagegen unter Umständen nur schlecht in das Gewebe ein. Die Ergebnisse von Experimenten mit RNA-Sonden lassen sich besser überprüfen, als wenn DNA-Sonden eingesetzt werden; RNA-Sonden sind jedoch empfindlicher gegenüber Nucleasen und müssen daher mit besonderer Sorgfalt behandelt werden (Tabelle 4.1).

Mit Hilfe gentechnischer Methoden läßt sich prinzipiell jede DNA-Sequenz klonieren, isolieren und als Sonde verwenden (Abschnitt 4.1.1). Alternativ dazu können *de novo* synthetisierte Oligonucleotidsequenzen (Abschnitt 4.1.2) oder das gesamte Genom eines Organismus als Sonden dienen (Abschnitt 4.1.3). Einige der zahlreichen Methoden zur Markierung von Nucleinsäuren sind in Abschnitt 4.2 beschrieben.

Tabelle 4.1 Vor- und Nachteile von RNA- und DNA-Sonden

	Vorteile	Nachteile
einzelsträngige RNA-Sonden (Ribosonden)	Sonde frei von Vektorsequenzen	Man muß die Sequenz in einen geeigneten Transkriptionsvektor klonieren.
	Nach der Hybridisierung entfernt man nichthybridisierte einzelsträngige RNA-Sonden mit RNase A, um unspezifische Hintergrundsignale zu vermeiden.	Da RNA sehr schnell zerfällt, sind besondere Vorsichtsmaßnahmen erforderlich.
	RNA:RNA-Hybride sind sehr stabil.	RNA-Sonden binden unter Umständen fester als DNA-Sonden und erzeugen ein starkes Hintergrundsignal.
DNA-Sonden		
a) klonierte DNA-Sonden	Vektor läßt sich über Netzwerke vervielfältigen.	Sonde muß denaturiert werden.
	kein Subklonieren erforderlich	DNA:DNA- und DNA:RNA-Hybride sind weniger stabil als RNA:RNA-Hybride.
	einfache Handhabung und Lagerung	Die doppelsträngige Sonde kann mit sich selbst hybridisieren.
b) mit PCR hergestellte DNA-Sonden	Sonde frei von Vektorsequenzen	Wenn keine sequenzspezifischen Primer vorhanden sind, muß die Sequenz in einen Vektor mit geeigneten Primerbindungsstellen kloniert werden.
	Vervielfältigung und Markierung in derselben Reaktion möglich	DNA:DNA- und DNA:RNA-Hybride sind weniger stabil als RNA:RNA-Hybride.
		nur für Sequenzen von weniger als 4 kbp Länge geeignet
		Permeabilitätsprobleme bei Sonden über 1 kbp Länge
c) synthetische Oligonucleotidsonden	Sonde kann maßgeschneidert werden.	DNA-Syntheseautomat erforderlich
	Sonde dringt aufgrund ihrer geringen Länge (10–50 bp) gut in Präparat ein.	Die geringe Länge begrenzt die Zahl der einbaubaren Markermoleküle.
	kein Klonieren erforderlich	Bereits wenige fehlgepaarte Nucleotide können die Stabilität der Doppelhelix erheblich beeinträchtigen.

4.1.1 Klonierte Sequenzen

Um eine spezifische DNA-Sequenz zu klonieren und damit vervielfältigen zu können, wird die DNA in einen Vektor eingebaut und dieses Konstrukt in einer geeigneten Wirtszelle vermehrt. Anschließend kann die vervielfältigte DNA isoliert werden. Als Vektoren dienen gewöhnlich bakterielle Plasmide, Bakteriophagen (zum Beispiel die Bakteriophagen Lambda und M13) und Cosmide. Künstliche Hefechromosomen (YACs, *yeast artificial chromosomes*), die bis zu 1 Mbp Fremd-DNA aufnehmen können, eignen sich besonders für die Aufstellung physikalischer Chromosomenkarten, auch mit Hilfe von *in situ*-Hybridisierungen (zum Beispiel Baldini et al., 1992). Protokolle für die Klonierung von DNA-Sequenzen, die Aufbewahrung von Bakterienklonen und die Isolierung von DNA und RNA finden sich in fast allen Handbüchern der Molekularbiologie (zum Beispiel Sambrook et al., 1989) oder auch in Publikationen und werden daher hier nicht näher erläutert.

Vor der *in situ*-Hybridisierung sollte man unbedingt überprüfen, ob die klonierten DNA-Fragmente die erwarteten Merkmale aufweisen, da Sequenzen bei der Klonierung verändert werden oder sogar verloren gehen können. Zur Kontrolle führt man üblicherweise eine Restriktionsanalyse mit anschließender Agarosegelelektrophorese und Southern-Hybridisierung durch.

Doppelsträngige DNA-Sonden. Für die meisten *in situ*-Hybridisierungsexperimente verwendet man als Sonde klonierte Sequenzen, die gereinigt und markiert wurden (Abschnitt 4.2). In einigen Fällen wird die Fremd-DNA vor der Markierung aus dem Vektor geschnitten, vor allem, wenn es sich um eine im Vergleich zum Vektor kurze Sequenz handelt.

Wenn längere Sonden (wie Cosmide oder YACs) verwendet werden, erhöht sich die Wahrscheinlichkeit, daß diese auch verstreute repetitive Sequenzen enthalten (zum Beispiel *Alu*-Sequenzen im menschlichen Genom; Abschnitt 2.1.2), die zusätzliche, unerwünschte Signale verursachen. Um solche Signale zu vermeiden, gibt man unmarkierte Blockade-DNA als Kompetitor zu (zum Beispiel genomische Gesamt-DNA oder die Cot-1-DNA-Fraktion); diese Technik bezeichnet man als chromosomale *in situ*-Suppressionshybridisierung (CISS; Abschnitt 4.1.3; Lichter et al., 1988).

Einzelsträngige RNA-Sonden. Zur Herstellung von RNA-Sonden wird die fragliche Sequenz in einen Vektor eingebaut, der Transkriptionsstartpunkte für RNA-Polymerasen von Bakteriophagen enthält. An diesen Stellen kann in Gegenwart markierter und unmarkierter Nucleotide *in vitro* die Transkription initiiert werden. Auf diese Weise erhält man einzelsträngige markierte RNAs, die Ribosonden genannt werden (Abschnitt 4.2.2).

4.1.2 Synthetische Oligonucleotide

Synthetische Oligonucleotide sind kurze Nucleotidsequenzen, gewöhnlich zwischen 10 und 50 bp lang, die in einem DNA-Syntheseautomaten hergestellt werden. Sie werden in der Regel durch Endmarkierung mit einem Markermolekül versehen (Abschnitt 4.2.2). Der Vorteil synthetischer Oligonucleotide besteht darin, daß sie für die Hybridisierung mit bestimmten Sequenzen maßgeschneidert werden können. Mit Hilfe von Oligonucleotidsonden können Gene, Sequenzwiederholungen (Abbildungen 2.1g und 2.2) und RNA-Sequenzen nachgewiesen werden.

Die geringe Komplexität und Länge synthetischer Oligomere hat wichtige Konsequenzen für den Ablauf der *in situ*-Hybridisierung. So schwächen beispielsweise schon wenige Basenfehlpaarungen die Bindung zwischen Sonde und Zielsequenz erheblich (Abschnitt 5.2). Bei den Waschschritten nach der Hybridisierung muß diese Tatsache berücksichtigt werden, damit die hybridisierte Sonde nicht abgewaschen wird.

Unmarkierte Oligonucleotide lassen sich als Primer einsetzen, um DNA direkt innerhalb der Chromosomen zu markieren; diesen Vorgang nennt man *primed in situ*-Hybridisierung (PRINS; Abschnitt 4.2.5). Eine ähnliche Technik, bei der ein Oligonucleotid mit mRNA hybridisiert, wird zur schnellen *in situ*-Lokalisation von mRNA-Sequenzen angewandt (Abschnitt 4.2.5).

4.1.3 Genome als Sonden

Man kann die gesamte genomische DNA (bestehend aus dem vollständigen Chromosomensatz eines Organismus) markieren und als Sonde einsetzen (Genomsonde), um die Herkunft von Chromosomen in Hybridpflanzen zu bestimmen (Abbildungen 2.1b und f, 2.3 und 2.4a) oder um einzelne Chromosomen in Zellhybriden zu identifizieren.

Zwei Genome lassen sich viel leichter unterscheiden, wenn die *in situ*-Hybridisierung der Genomsonde in Gegenwart eines Überschusses unmarkierter genomischer Gesamt-DNA der anderen Spezies (Blockade-DNA) erfolgt. Die Blockade-DNA hybridisiert mit den Sequenzen in Sonde und Chromosomen, die in beiden Genomen vorkommen. Dadurch stehen diese Sequenzen für eine Hybridisierung mit der Sonde nicht zur Verfügung, und nur spezifische Sequenzen werden markiert. Die Blockade-DNA kann auch verhindern, daß die Sonde Zugang zu benachbarten Sequenzen findet. Diese Methode macht sich zunutze, daß hochrepetitive Sequenzen, die Sonde und Blockade-DNA gemein sind, sehr rasch hybridisieren. Bei der CISS-Hybridisierungstechnik erfüllt die Blockade-DNA (genomische Gesamt-DNA oder Cot-1-Fraktion) den gleichen Zweck. CISS erhöht die Spezifität des Signals, wenn Cosmidklone *in situ* hybridisiert werden oder wenn große Chromosomenabschnitte oder ganze Chromosomen mit Klonmischungen aus Chromosomenbanken nachgewiesen werden sollen (Chromosomen-Painting; Abbildung 2.1e).

Unmarkierte genomische (Blockade-)DNA bindet auch Moleküle im Cytoplasma und im Kernplasma, die ansonsten mit der Sonde hybridisieren und so zu einem nicht mehr tolerierbaren Hintergrund von unspezifischen Signalen führen könnten. Wenn es nicht erforderlich ist, die Sonde vor Hybridisierung mit ubiquitären Sequenzen zu schützen, aber unspezifische Hintergrundsignale vermieden werden sollen, setzt man der Hybridisierungslösung gewöhnlich Lachssperma-DNA zu.

4.1.4 Durch Polymerasekettenreaktion hergestellte DNA-Sonden

Mit der Polymerasekettenreaktion (PCR, *polymerase chain reaction*) ist es möglich, DNA-Sequenzen (bis zu einer Länge von 4 kbp) spezifisch und direkt zu vervielfältigen. Die Methode eignet sich für klonierte DNA-Sequenzen, wobei Primer verwendet werden, die die Fremd-DNA flankieren (Abschnitt 4.2.2). Ein bedeutender Anwendungsbereich der PCR ist die Vervielfältigung bestimmter Sequenzen oder ganzer Sequenzgruppen innerhalb des gesamten Genoms wie auch die Amplifizierung von DNA aus durchflußsortierten Chromosomen.

4.2 Markierung von Nucleinsäuren

Nucleinsäuren lassen sich entweder radioaktiv oder nichtradioaktiv markieren. Sowohl radioaktive als auch einige nichtradioaktive Markermoleküle (zum Beispiel Biotin, Digoxigenin, Fluoreszenzfarbstoffe) können in Form von modifizierten Nucleotiden enzymatisch in DNA oder RNA eingebaut werden (Beispiele für DNA-Markierungsreaktionen: Nick-Translation, Oligomarkierung, Endmarkierung; für RNA-Markierungsreaktionen: *in vitro*-Transkription; Abschnitt 4.2.2). DNA kann man außerdem nichtradioaktiv markieren, indem man die DNA-Helix chemisch modifiziert (zum Beispiel mit 2-Acetylaminofluoren, Quecksilber; Abschnitt 4.2.4). Mit Hilfe enzymatischer Markierungstechniken lassen sich in der Regel sensitivere Sonden herstellen, da mit ihnen modifizierte Nucleotide besser eingebaut werden.

Bei der radioaktiven Markierung von Sonden kann man durch den Einbau mehrerer markierter Nucleotide die spezifische Aktivität der Sonde erhöhen. Die Kosten steigen allerdings bei dieser Art der Präparation, und die Sonde wird unter Umständen durch die hohe Energie zerstrahlt. Bei nichtradioaktiven Markierungen ist der Einbau von mehr als einem markierten Nucleotid nicht sehr verbreitet, erlangt jedoch Bedeutung bei der gleichzeitigen Identifizierung mehrerer verschiedener Sonden (Abschnitt 6.4; Ried et al., 1992).

Je nach Art der Markierungsmethode entstehen unterschiedlich lange Sonden. *In vitro*-Transkription, Nick-Translation und Oligomarkierung sind für die *in situ*-Hybridisierung so weit optimiert, daß geeignete DNA-Fragmente hergestellt werden können. Bei der Markierung in einer PCR entstehen längengleiche Kopien der DNA-Matrize, die bei einer Länge über 1 kbp unter Umständen nur schlecht in die Präparate eindringen. Auch bei der chemischen Markierung von Nucleinsäuren (Abschnitt 4.2.4) kann die Länge der Sonden problematisch sein. Durch Behandlung mit DNase I lassen sich lange DNA-Sonden in kleinere Fragmente zerlegen.

RNA-Sonden lassen sich durch Hydrolyse verkleinern (Tabelle 4.4). Bei einer Endmarkierung muß man den Einbau des terminalen Nucleotids sorgfältig kontrollieren; denn zu lange Sonden destabilisieren die Paarung der Nucleinsäuremoleküle.

4.2.1 Enzymatische Markierung – Markermoleküle

Radioaktive Markierung. Die radioaktive Markierung von Nucleinsäuren erfolgt gewöhnlich durch den enzymatischen Einbau von Nucleotiden, die ^{32}P, ^{35}S, ^{125}I oder ^{3}H enthalten. Das markierte Nucleotid entspricht im wesentlichen seinem unmarkierten Gegenstück. Da die markierte Sonde keine großen Seitengruppen trägt, kommt es bei der Hybridisierung nicht zu sterischen Behinderungen. Vermutlich aus diesem Grund sind radioaktive Sonden sensitiver als nichtradioaktive.

Die Wahl des Isotops hängt von der Art der Anwendung ab, da mit steigender Sensitivität die Auflösung abnimmt (Tabelle 4.2). So lassen sich zum Beispiel mit ^{32}P, das eine hohe Emissionsenergie (E_{max}) besitzt, Sequenzen in weniger als sieben Tagen nachweisen; bei der Autoradiographie verursacht ^{32}P allerdings eine breite Streuung der Silberkörner (Abschnitt 6.1), so daß die Auflösung nur gering ist. Dagegen ermöglicht die schwache β-Strahlung von ^{3}H eine hohe Auflösung, die Entwicklung der Photoemulsion dauert allerdings mindestens zwei Wochen. Isotope mit mittlerer Energie, wie ^{35}S und ^{125}I, sind oftmals ein sinnvoller Kompromiß. Letztendlich richtet sich die Wahl des Isotops nach den Erfordernissen des jeweiligen Experiments.

Nichtradioaktive Markierungen. Seit einiger Zeit beginnt man Radioisotope durch nichtradioaktive Markermoleküle zu ersetzen. Nichtradioaktive Markermoleküle gelten im allgemeinen als sicherer, obwohl eine Toxizität nicht mit letzter Sicherheit ausgeschlossen werden kann und Kontaminationen nicht so einfach wie bei radioaktiven Sonden entdeckt werden können. Außerdem sind für den Umgang mit diesen Substanzen keine besonders gekennzeichneten Labors nötig. Nichtradioaktive Sonden lassen sich längerfristig ohne Aktivitätsverlust aufbewahren. Sie machen in kurzer Zeit (innerhalb von Stunden statt Tagen oder Wochen) auf Hybridisierungsstellen aufmerksam, und unterschiedlich markierte Sonden ermöglichen den gleichzeitigen Nachweis mehrerer Zielsequenzen. Für die nichtradioaktive *in situ*-Hybridisierung stehen ein direktes und ein indirektes Verfahren zur Verfügung.

Tabelle 4.2: Eigenschaften der gängigen Radioisotope für die Markierung von Nucleinsäuren

Isotop	emittiertes Partikel	E_{max}[a] (Mev)	Halbwertzeit	Auflösung[b] (μm)	ungefähre Expositionszeit
^{3}H	β	0,018	12,4 Jahre	0,5–1	2–12 Wochen
^{125}I	β	0,004	60 Tage	1–10	12–20 Tage
	γ	0,035			
^{35}S	β	0,167	87,4 Tage	10–15	12–20 Tage
^{32}P	β	1,71	14,3 Tage	20–30	2–5 Tage
^{33}P	β	0,25	28 Tage	15–20	10–20 Tage

[a] Maximale Emissionsenergie.
[b] Streuung der Silberkörner um punktförmige Quelle.

Bei der direkten Methode kann die Markierung der Nucleinsäure unmittelbar im Anschluß an die *in situ*-Hybridisierung sichtbar gemacht werden. Bauman et al. (1980) koppelten beispielsweise den Fluoreszenzfarbstoff Tetramethylrhodaminisothiocyanat (TRITC, ein Rhodaminderivat) an das 3′-Ende von RNA und wiesen mit dieser Sonde *in situ* die komplementäre DNA-Sequenz nach. Die kürzlich eingeführten fluoreszenzmarkierten Nucleotide – zum Beispiel mit Fluoresceinisothiocyanat (FITC), Rhodamin (TRITC), oder 7-Amino-4-methylcumarin-3-acetat (AMCA) gekoppelte Desoxynucleosidtriphosphate (dNTPs) –, die enzymatisch in Nucleinsäuren eingebaut werden können (Abschnitt 4.2.2), erlangen aufgrund ihrer einfachen Nachweisbarkeit immer größere Bedeutung (Abbildung 2.1b; Wiegant et al., 1991). Für den Nachweis von Einzelkopiesequenzen sind sie allerdings unter Umständen nicht sensitiv genug. Die Verwendung eines Anti-Fluorescein-Antikörpers ermöglicht jedoch die Verstärkung des Signals und erhöht die Empfindlichkeit des Nachweisverfahrens.

Bei der indirekten Markierungsmethode können die in die Sonde eingebauten Markermoleküle nicht ohne weiteres sichtbar gemacht werden. Erst
ein zweites sogenanntes Reportermolekül, das sich an die Markierung heftet,
ermöglicht dann die Lokalisierung der Hybridisierungsstellen.

Eine ganze Reihe nichtradioaktiver Markermoleküle eignet sich für den
Einbau in Nucleinsäuren (Tabelle 4.3); unter ihnen sind Biotin und Digoxigenin die gebräuchlichsten (siehe unten). Die Mehrzahl der Markermoleküle
wird durch immunhistochemische Verfahren nachgewiesen. Für Biotin stehen zwei Reportermoleküle, Anti-Biotin-Antikörper und (Strept-)Avidin,
zur Verfügung. Nachweissysteme für nichtradioaktive Markierungen sind
in Abschnitt 6.2 beschrieben.

Tabelle 4.3: Nichtradioaktive Markermoleküle, die man in DNA- und RNA-Sonden einbauen kann

(Photo-)Biotin
(Photo-)Digoxigenin
2-Acetylaminofluoren (AAF)
Sulfongruppen
Quecksilber
Bromdesoxyuridin (BrdU)
Fluoreszenzfarbstoffe
Dinitrophenol (Dnp)

Biotin. Als erstes nichtradioaktives Markermolekül wurde Biotin (Vitamin
H, kommt in großen Mengen in Hühnereiweiß vor) in Form von Biotin-11-
dUTP in Nucleinsäuren eingebaut. Andere biotinylierte Nucleotide wie
Biotin-16-dUTP, Biotin-14-dATP und Biotin-11-dCTP sind mittlerweile
ebenfalls erhältlich (unter anderem von Boehringer Mannheim, Sigma und
Enzo Diagnostics); meist wird jedoch Biotin-11-dUTP verwendet.

Alle Nucleotide sind an einer Position modifiziert, die die Bildung von
Wasserstoffbrücken zwischen Sonde und Zielsequenz nicht stört. Außerdem
ist jeweils zwischen der Base und dem Markermolekül ein Linker aus
mindestens elf Kohlenstoffatomen eingefügt. Dadurch treten bei der Hybridisierung keine sterischen Behinderungen auf, und die Nachweisreagentien
haben freien Zugang zu den Markermolekülen. Biotin kann auch auf che-
mischem oder photochemischem Weg (Photobiotin; Abschnitt 4.2.4) in
Nucleinsäuren eingebaut werden.

Digoxigenin. Digoxigenin ist ein pflanzliches Steroid aus *Digitalis purpura*
und *Digitalis lanata*. Es wird enzymatisch in Form der modifizierten Nucleotide Digoxigenin-11-dUTP beziehungsweise Digoxigenin-11-UTP in

DNA beziehungsweise RNA eingebaut (Digoxigenin-markierte Nucleotide sind bei Boehringer Mannheim erhältlich). Für die photochemische Markierung von Nucleinsäuren kann man Photodigoxigenin verwenden (Abschnitt 4.2.4).

4.2.2 Enzymatische Markierung – Methoden

Enzymatische Markierungstechniken erzeugen entweder gleichmäßig markierte Sonden (*in vitro*-Transkription, Nick-Translation, Oligomarkierung) oder eine Markierung am Ende eines Nucleinsäurestranges (Endmarkierung). Meist bevorzugt man gleichmäßig markierte Sonden, da sie eine höhere spezifische Radioaktivität aufweisen als endmarkierte Sonden. Die Sensitivität endmarkierter Sonden kann jedoch höher sein, da diese die Hybridisierung mit der Zielsequenz sterisch weniger behindern (Cook et al., 1988).

In vitro-**Transkription – Ribosonden.** Die gewünschte Sequenz wird in einen Vektor kloniert (zum Beispiel Bluescript von Stratagene; Gemini-Vektoren von Promega), der Promotorsequenzen von Bakteriophagen-RNA-Polymerasen enthält (zum Beispiel von T3, T7 oder SP6; Abbildung 4.1). Die entsprechende RNA-Polymerase synthetisiert in Gegenwart von markierten (radioaktiv oder nichtradioaktiv) und unmarkierten Nucleotiden einzelsträngige RNA-Sonden (Ribosonden). Die hohe Promotorspezifität von Bakteriophagenpolymerasen erlaubt es, einzelsträngige RNA-Sonden zu erstellen, die wahlweise komplementär zum codierenden *(sense)* oder nichtcodierenden *(anti-sense)* Strang sind. Beim Nachweis von mRNA ist die Hybridisierung mit dem codierenden Strang eine sinnvolle Negativkontrolle, um die Spezifität der positiven, *anti-sense*-Sonde zu überprüfen.

Vor der *in vitro*-Transkription wird der Vektor mit einer Restriktionsendonuclease, die glatte oder überhängende 5′-Enden erzeugt, linearisiert (Abbildung 4.1, Schritt 2).

Ein Protokoll für die Markierung von RNA mit Tritium (^{3}H) oder Digoxigenin durch *in vitro*-Transkription findet sich in Tabelle 4.4. Die Firma Amersham International bietet ein System für den Einbau von Fluorescein-11-UTP in RNA durch *in vitro*-Transkription an.

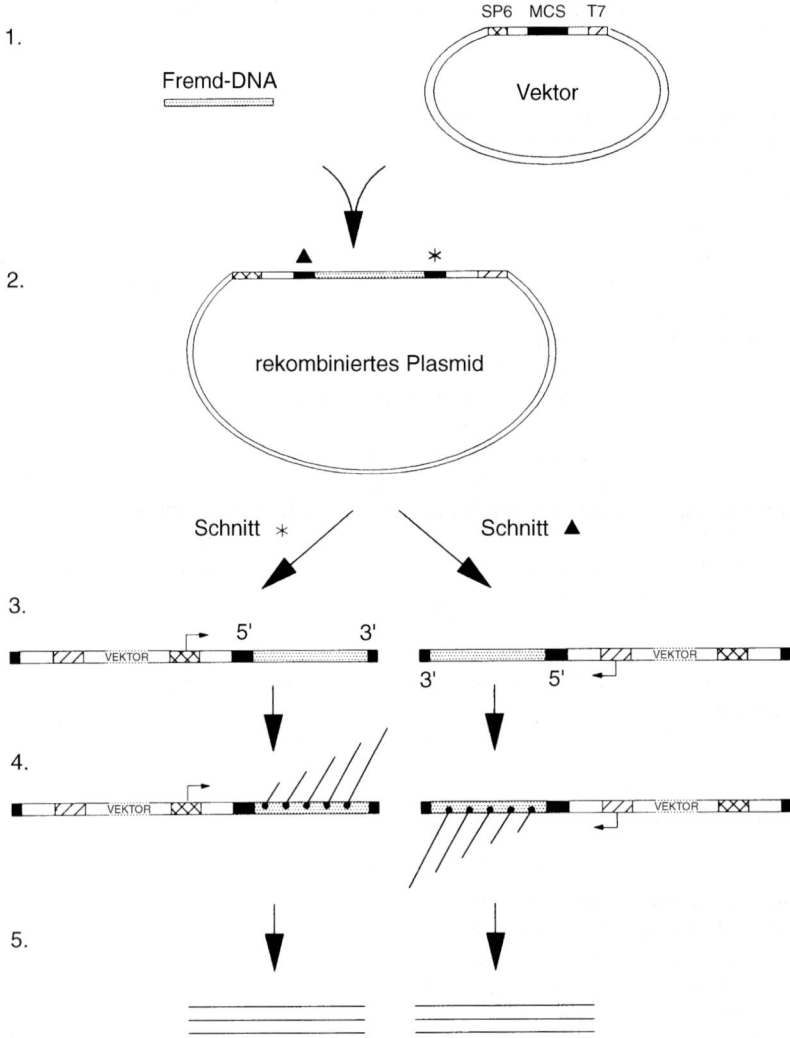

4.1 *In vitro*-Transkription.

1. Eine RNA-Polymerase aus Bakteriophagen erstellt von linearisierten rekombinierten Plasmiden RNA-Kopien: Zuerst kloniert man ein DNA-Fragment in die multiple Klonierungsstelle (MCS, *multiple cloning site*) eines Transkriptionsvektors, die von zwei RNA-Polymerasepromotoren eingerahmt wird (SP6-Promotor: kreuzweise schraffiert; T7-Promotor: schraffiert).

2. Das rekombinierte Plasmid wird linearisiert, indem man mit einer Restriktionsendonuclease innerhalb der multiplen Klonierungsstelle schneidet. Die Linearisierung erfolgt in bezug auf den gewählten Promotor stromabwärts von der Fremd-DNA (* für den SP6-Promotor, Dreieck für den T7-Promotor).

3. In Gegenwart markierter oder unmarkierter Nucleosidtriphosphate (NTPs) synthetisiert die promotorspezifische RNA-Polymerase anhand der DNA-Matrize RNA-Moleküle.

4. Die 5′→3′-RNA-Polymeraseaktivität liefert einzelsträngige markierte RNA-Transkripte mit definierter Länge und Sequenz.

5. Nach Abschluß der Reaktion baut man die DNA-Matrize mit RNase-freier DNase ab.

Tabelle 4.4: RNA-Markierung mit [^{3}H]UTP oder Digoxigenin-11-UTP durch *in vitro*-Transkription

Reagentien

a) 10 × Reaktionspuffer für SP6-, T7 und T3-Polymerase:
   0,4 M Tris-HCl, pH 8,0 (Anhang)
   0,06 M MgCl$_2$
   0,1 M Dithiothreitol
   0,02 M Spermidin
   0,1 M NaCl

b) Unmarkierte Nucleotide: Mischung einzelner Lösungen von CTP, GTP und ATP (jeweils 10 mM) im Verhältnis 1:1:1

c) Markierte Nucleotide: *Entweder*
   – 10 μCi [5,6-^{3}H]UTP (New England Nuclear, spezifische Aktivität 35–50 Ci mmol^{-1}. Nucleotid wird in 50% Ethanol geliefert; Volumen entsprechend 10 μCi entnehmen, in Vakuumzentrifuge trocknen und in so viel Wasser resuspendieren, daß das Gesamtvolumen des Reaktionsgemisches 25 μl ergibt.) *Oder*
   – Digoxigenin-11-UTP (1 mM Lösung; Boehringer Mannheim) gemischt mit UTP (1 mM Lösung), Endkonzentration 0,35 mM Digoxigenin-11-UTP und 0,65 mM UTP.

d) RNase-Inhibitor: RNAguard-Ribonucleaseinhibitor (Pharmacia) – Lösung = 10 Einheiten μl^{-1}

e) DNA: DNA-Matrize (in Transkriptionsvektor) mit geeignetem Restriktionsenzym linearisieren (Sambrook et al., 1989) und mit 1 × TE (Anhang) auf eine Konzentration von etwa 1 mg ml^{-1} einstellen.

f) SP6-, T7-, oder T3-RNA-Polymerase: Die Enzymkonzentration ist je nach Hersteller unterschiedlich; im Reaktionsgemisch sollte das Enzym in einer Konzentration von 0,4 Einheiten μl^{-1} vorliegen.

g) 2 × Carbonatpuffer, pH 10,2: 80 mM NaHCO$_3$, 120 mM Na$_2$CO$_3$

Methode

1. In einem 1,5 ml Reaktionsgefäß ansetzen:
   3 μl unmarkierte Nucleotidmischung
   2,5 μl 10 × Reaktionspuffer für RNA-Polymerase
   2,5 μl RNase-Inhibitor (Endkonzentration 1 Einheit μl^{-1})
   x μl DNA-Matrize (Endkonzentration 40 μg ml^{-1})
   y μl geeignete RNA-Polymerase und *entweder*
   z μl ^{3}H-markiertes UTP (siehe Punkt c) *oder*
   2 μl Digoxigenin-11-UTP-Mischung
   w μl steriles Wasser

   Gesamtvolumen = 25 μl

2. Reaktionsansatz 30 min bis 2 h bei 37°C inkubieren.

3. Um die DNA-Matrize zu entfernen, 1–2 μl tRNA (100 mg ml^{-1}; Sigma Typ XXI) und 10 Einheiten RNase-freie DNase I zugeben, mit sterilem Wasser auf ein Volumen von 100 μl auffüllen und 10 min bei 37°C inkubieren.

4. Bei radioaktiver Markierung 1 μl zur Bestimmung der Radioaktivität abnehmen (Schritt 11). Restliche Probe einmal mit 100 μl Phenol-Chloroform-Isoamylalkohol (25:24:1) und einmal mit Chloroform-Isoamylalkohol (24:1) extrahieren.

5. Nach Zugabe des gleichen Volumens 4 M Ammoniumacetat und des 2,5fachen Volumens 100% Ethanol die RNA 15 min in Trockeneis oder über Nacht bei −20°C präzipitieren.

6. Reaktionsgefäße auf Raumtemperatur erwärmen lassen (damit keine nichteingebauten Nucleotide präzipitieren) und 10 min bei 10 000 *g* zentrifugieren.

7. Überstand verwerfen, Pellet mit 0,5 ml 70% Ethanol waschen und 5 min bei 10 000 *g* zentrifugieren. Überstand abnehmen und Sediment trocknen.

8. Sediment in 50 μl sterilem Wasser resuspendieren und 50 μl 2 $\times$ Carbonatpuffer zugeben. Mit Hilfe der nachstehenden Gleichung errechnet man die Dauer der Inkubation bei 60°C:

$$t = \frac{(L_i - L_f)}{K \times L_i \times L_f}$$

t = Zeit (min), K = Geschwindigkeitskonstante (= 0,11 kbp min^{-1}), L_i = Ausgangslänge (kbp), L_f = Endlänge (Optimum 0,15 kbp).

9. Nach Zugabe von 5 μl 10% Essigsäure, 10 μl 3 M Natriumacetat und 250 μl 100% Ethanol wie in den Schritten 5–7 präzipitieren, waschen und trocknen.
10. Sediment in 20 μl sterilem Wasser oder 1 $\times$ TE (Anhang) resuspendieren.
11. Bei radioaktiver Markierung 1 μl entnehmen und Radioaktivität im Szintillationszähler messen. Durch einen Vergleich mit der anfänglichen Aktivität (Schritt 4) bestimmt man den Prozentsatz der eingebauten Nucleotide.
12. Sonde mit 50% Formamid in Wasser so verdünnen, daß sie für den Einsatz in der *in situ*-Hybridisierung fünffach konzentriert ist (Abschnitt 5.4).
13. Bei –80°C lagern.

Nick-Translation. Für die Nick-Translation benötigt man zwei Enzyme, DNase I und die DNA-Polymerase aus *Escherichia coli,* um markierte Nucleotide in beide Stränge der DNA-Doppelhelix einzubauen (Abbildung 4.2). Gewöhnlich setzt man lediglich ein markiertes Nucleotid ein. Der entscheidende Parameter bei der Reaktion ist die Aktivität der DNase I, die Einzelstrangbrüche *(nicks)* in die doppelsträngige DNA einführt (Abbildung 4.2; Schritt 2). Enthält die DNA zu wenig Einzelstrangbrüche, werden die Sondenfragmente zu lang und nicht ausreichend markiert; führt die DNase dagegen zu viele Brüche ein, geraten die Sondenfragmente zu kurz. Heutzutage sind fertige Enzymmischungen von *E. coli*-DNA-Polymerase und DNase I im Handel erhältlich, die einen Einbau von über 50 Prozent innerhalb von 60–90 min garantieren und Sonden mit einer Länge zwischen 200–400 bp synthetisieren.

Eine Arbeitsvorschrift für die Markierung von DNA mittels Nick-Translation findet sich in Tabelle 4.5.

Oligomarkierung (*random-primed labelling*). Bei der Oligomarkierung von DNA benötigt man das Klenow-Fragment der *E. coli*-DNA-Polymerase (5′→3′-Polymeraseaktivität) sowie eine Mischung von Oligonucleotiden (meist Hexanucleotiden) als Primer für die DNA-Polymerase (Abbildung 4.3). Die Hexanucleotidmischung enthält praktisch sämtliche denkbaren Sequenzkombinationen (*random primer*), so daß im Durchschnitt alle 80 bis 100 Basen ein Primer an die Matrize bindet. Das Klenow-Fragment der DNA-Polymerase beginnt dann an diesem Primer mit der Synthese eines neuen DNA-Strangs, in den sie markierte und unmarkierte Nucleotide aus dem Reaktionsgemisch einbaut. Die Oligomarkierung bietet folgende Vorteile (weiter auf Seite 64):

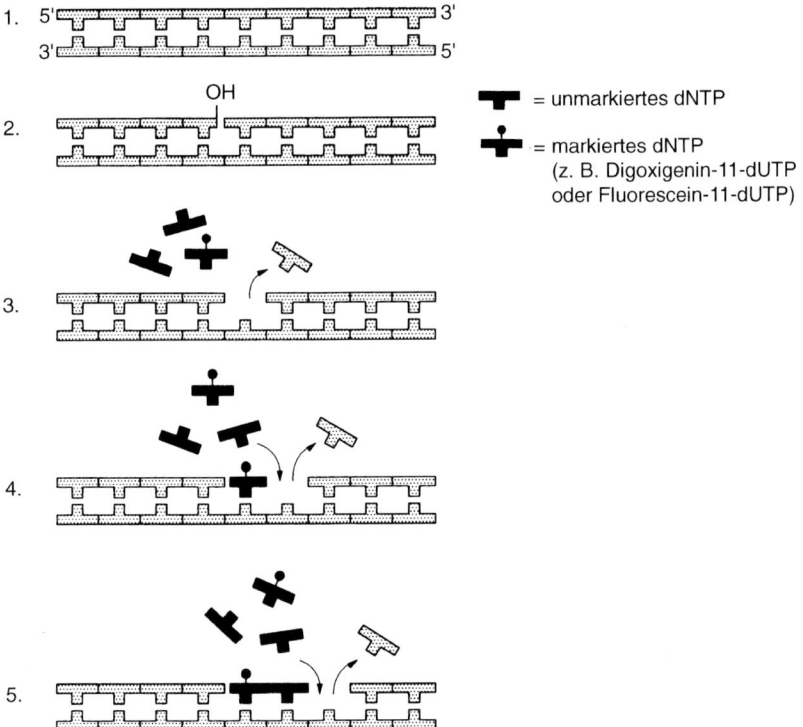

4.2 Nick-Translation.

1. Die Reaktion erfordert zwei Enzyme, DNase I und DNA-Polymerase I, mit deren Hilfe man markierte oder unmarkierte Desoxynucleosidtriphosphate (dNTPs) in doppelsträngige DNA einbauen kann.

2. DNase I führt einen Einzelstrangbruch *(nick)* in den DNA-Doppelstrang ein, so daß eine 3′-OH-Gruppe freigelegt wird.

3. Die 5′→3′-Exonucleaseaktivität der DNA-Polymerase I entfernt 3′ vom Einzelstrangbruch gelegene Nucleotide.

4. Die DNA-Polymeraseaktivität katalysiert am 3′-OH-Ende des Einzelstrangbruchs den Einbau neuer dNTPs.

5. Durch die gemeinsame Wirkung von Exonuclease- und Polymeraseaktivität der DNA-Polymerase I entsteht in 5′→3′-Richtung ein neuer DNA-Strang. Indem man markierte dNTPs in die Nucleotidmischung pipettiert, kennzeichnet man die neuen Komplementärstränge.

Tabelle 4.5: DNA-Markierung mit Biotin, Digoxigenin oder Fluoreszenzfarbstoffen durch Nick-Translation

Reagentien

a) 10 × Nick-Translationspuffer:
0,5 M Tris-HCl, pH 7,8 (Anhang)
0,05 M MgCl₂
0,5 mg ml^{-1} Rinderserumalbumin, nucleasefrei

b) Unmarkierte Nucleotide: dCTP, dGTP und dATP; 0,5 mM Lösungen der einzelnen Nucleotide in 100 mM Tris-HCl, pH 7,5, ansetzen und im Verhältnis 1:1:1 mischen.

c) Markiertes Nucleotid:

Digoxigenin: Digoxigenin-11-dUTP (1 mM Lösung, Boehringer Mannheim) und dTTP (1 mM) mischen, Endkonzentration 0,35 mM Digoxigenin-11-dUTP und 0,65 mM dTTP.

Biotin: 0,4 mM Biotin-11-dUTP (zum Beispiel von Sigma, Substanz in 100 mM Tris-HCl, pH 7,5 lösen).

Fluoreszenzmarkierte Nucleotide: Entweder Fluorescein-11-dUTP oder Rhodamin-4-dUTP (1 mM; Amersham International) verwenden; 1:1 mit dTTP (1 mM) mischen.

d) DNA-Polymerase I/DNase I: 0,4 Einheiten μl^{-1} (Gibco BRL)

Methode

1. In einem 1,5 ml-Reaktionsgefäß ansetzen:

   5 μl 10 × Nick-Translationspuffer

   5 μl unmarkierte Nucleotide und *entweder*

   1 μl Digoxigenin-11-dUTP/dTTP-Mischung *oder*

   2,5 μl Biotin-11-dUTP *oder*

   2 μl fluoreszenzmarkierte Nucleotidmischung

   1 μl 0,1 M Dithiothreitol

   x μl DNA entsprechend 1 μg

   y μl Wasser

   Gesamtvolumen = 45 μl

2. Nach Zugabe von 5 μl DNA-Polymerase I/DNase I-Mischung vorsichtig mischen und kurz zentrifugieren.

3. Bei 15°C 90 min inkubieren.

Ethanolfällung

4. Reaktion mit 5 μl 0,3 M EDTA, pH 8,0 abstoppen.

5. Zugabe von 5 μl 3 M Natriumacetat (oder 5 μl 4 M LiCl) und 150 μl eiskaltem absolutem Ethanol.

6. DNA bei −20°C über Nacht oder 1–2 h in Trockeneis präzipitieren.

7. Bei −10°C 30 min bei 12 000 *g* zentrifugieren.

8. Überstand verwerfen und Sediment mit 0,5 ml eiskaltem Ethanol (70%) waschen, 5 min wie in Schritt 7 zentrifugieren.

9. Überstand verwerfen und Sediment trocknen lassen.

10. DNA in 1 × TE (Anhang) resuspendieren: Genomsonden in 10 μl, klonierte Sonden in 10–30 μl.

4.3 Oligomarkierung (siehe folgende Seite).

1. Die Reaktion baut mit Hilfe des Klenow-Fragments der *E.coli*-DNA-Polymerase (5′→3′-Polymeraseaktivität) und synthetischer Oligonucleotide markierte und unmarkierte Desoxynucleosidtriphosphate (dNTPs) in DNA ein.

2. Doppelsträngige DNA wird denaturiert, und die Oligonucleotide hybridisieren mit den Einzelsträngen.

3. Die 3′-OH-Enden der Oligonucleotide dienen als Primer für die 5′→3′-Polymeraseaktivität des Klenow-Enzyms. Durch Zugabe markierter dNTPs in die Nucleotidmischung kennzeichnet man die neusynthetisierten Komplementärstränge.

1. 5' 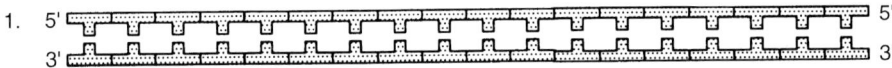 5'
    3'   3'

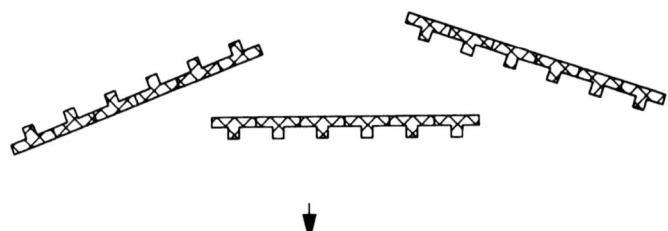

2.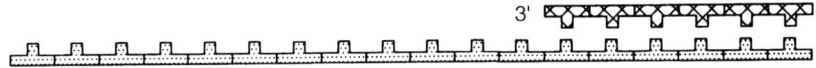

3.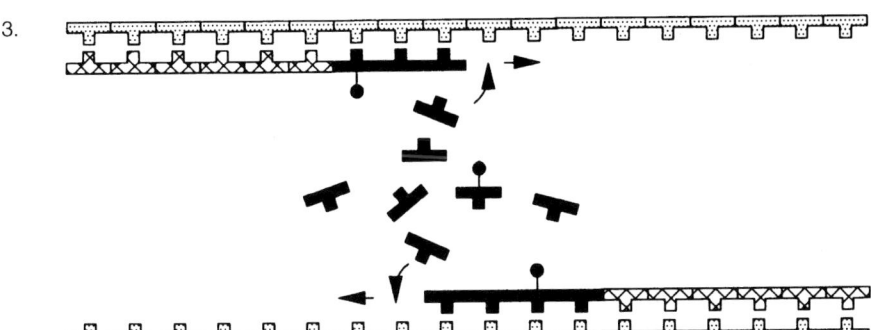

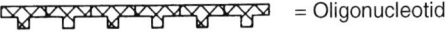 = Oligonucleotid

= unmarkiertes dNTP

= markiertes dNTP (z. B. Digoxigenin-11-dUTP
  oder Fluorescein-11-dUTP)

1. Für die Markierung werden nur geringe DNA-Mengen (zwischen 10 und 200 ng) benötigt, da die DNA nicht, wie bei der Nick-Translation, während der Reaktion abgebaut wird.
2. Sowohl einzel- als auch doppelsträngige DNA eignet sich als Matrize.
3. Durch Oligomarkierung lassen sich auch kurze DNA-Fragmente (100–500 bp) markieren; die Nick-Translation eignet sich dagegen nur für längere Fragmente (>1000 bp).

Die Nachteile dieser Methode bestehen darin, daß man DNA-Doppelstränge denaturieren muß, ringförmige DNA-Moleküle sich nicht effizient markieren lassen und daher vorher linearisiert werden sollten, und daß im Produkt der Reaktion nicht nur die neusynthetisierten (markierten) DNA-Stränge, sondern auch die (unmarkierten) Matrizenstränge enthalten sind. Die Matrizenstränge konkurrieren bei der Hybridisierung mit der Zielsequenz um die Sonde.

Seit kurzem verwendet man anstelle der bisher üblichen Hexanucleotide längere Oligonucleotide als Primer (von zum Beispiel 9 bp oder 14 bp Länge). Da diese Primer fester an die Matrizen-DNA binden, kann man sie in geringerer Konzentration einsetzen. Dadurch werden markierte Nucleotide besser in die DNA eingebaut. Darüber hinaus ersetzt man heutzutage das Klenow-Fragment von *E. coli* durch die DNA-Polymerase des Bakteriophagen T7. Diese baut in Gegenwart von kurzen Primern mit hoher Effizienz biotinylierte Nucleotidanaloga in DNA ein. Innerhalb von 10 min sind bereits 60 Prozent der biotinylierten Nucleotide in DNA eingebaut.

Ein Protokoll für die Oligomarkierung von DNA findet sich in Tabelle 4.6.

Tabelle 4.6: Oligomarkierung von DNA mit Biotin, Digoxigenin oder Fluoreszenzfarbstoffen

Reagentien

a) 10 × Hexanucleotidmischung (in 10 × Puffer; Boehringer Mannheim):
   0,5 M Tris-HCl, pH 7,2 (Anhang)
   0,1 M MgCl$_2$
   1 mM Dithiothreitol
   2 mg ml^{-1} Rinderserumalbumin, nucleasefrei 62,5 OD$_{260}$-Einheiten ml^{-1} Hexanucleotidprimer
b) Unmarkierte Nucleotide: dCTP, dGTP und dATP; 0,5 mM Lösungen der einzelnen Nucleotide in 100 mM Tris- HCl, pH 7,5 (Anhang) ansetzen und im Verhältnis 1:1:1 mischen.
c) Markiertes Nucleotid:
   Digoxigenin: Digoxigenin-11-dUTP (1 mM Lösung, Boehringer Mannheim) und dTTP (1 mM) mischen, Endkonzentration 0,35 mM Digoxigenin-11-dUTP und 0,65 mM dTTP.
   Biotin: 0,4 mM Biotin-11-dUTP (zum Beispiel von Sigma, Substanz in 100 mM Tris-HCl, pH 7,5 lösen).
   Fluoreszenzmarkierte Nucleotide: Entweder Fluorescein-11-dUTP oder Rhodamin-4-dUTP (1 mM; Amersham International) verwenden; 1:1 mit dTTP (1 mM) mischen.
d) Klenow-Enzym: 6 Einheiten μl^{-1} (Boehringer Mannheim).

Methode

1. Linearisierte DNA (50–200 ng) in kochendem Wasserbad 5 min denaturieren und 5 min auf Eis kühlen.
2. In einem 1,5 ml-Reaktionsgefäß ansetzen:
   3 μl unmarkierte Nucleotide
   1,5 μl markiertes Nucleotid
   2 μl 10 × Hexanucleotidmischung
   x μl denaturierte DNA
   y μl Wasser

   Gesamtvolumen = 19 μl

3. Nach Zugabe von 1 μl Klenow-Enzym vorsichtig mischen und kurz zentrifugieren.
4. Bei 37°C 6–8 h oder über Nacht inkubieren.

Ethanolfällung

5. Reaktion mit 2 μl 0,3 M EDTA, pH 8,0 abstoppen.
6. Zugabe von 2 μl 3 M Natriumacetat (oder 2 μl 4 M LiCl) und 60 μl 100% Ethanol.
7. DNA bei −20°C über Nacht oder 1–2 h in Trockeneis präzipitieren.
8. Bei −10°C 30 min bei 12 000 g zentrifugieren.
9. Überstand verwerfen und Sediment mit 0,5 ml eiskaltem 70% Ethanol waschen, 5 min wie in Schritt 8 zentrifugieren.
10. Überstand verwerfen und Sediment trocknen lassen.
11. DNA in 1 × TE (Anhang) resuspendieren: Genomsonden in 10 μl, klonierte Sonden in 10–30 μl.

Polymerasekettenreaktion (PCR). Die PCR entspricht einer modifizierten Oligomarkierung. Die Methode bedient sich einer hitzestabilen DNA-Polymerase, die aus dem Bakterium *Thermus aquaticus* isoliert wurde und als *Taq*-Polymerase bekannt ist. Dieses Enzym besitzt eine hochgradig prozessive 5′→3′-Polymerase, deren Aktivität bei 72°C ihr Maximum erreicht. Die Reaktion besteht aus folgenden Schritten:

1. *Denaturierung:* Man trennt die DNA-Matrize bei hohen Temperaturen (92–98°C) in ihre Einzelstränge.
2. *Anlagerung der Primer:* Zwei spezifische Oligomerprimer binden bei Temperaturen zwischen 37°C und 70°C an die einzelsträngige DNA.
3. *DNA-Synthese:* Die *Taq*-DNA-Polymerase beginnt bei Temperaturen zwischen 70°C und 74°C an den Primern mit der DNA-Synthese.

Diese drei Schritte werden bis zu 40mal wiederholt. Nach dem ersten DNA-Synthesezyklus können die Primer sowohl an die ursprüngliche Matrize als auch an die neusynthetisierten komplementären DNA-Stränge binden. Durch wiederholte Denaturierung, Primerbindung und Synthese kann man die Originalmatrize stark vervielfältigen. Einige Protokolle schreiben eine fünfminütige Denaturierung der DNA bei 91°C vor Zugabe des Enzyms vor, damit die DNA vor der Synthese vollständig denaturiert wird, ohne möglicherweise das Enzym zu beeinträchtigen.

Die *Taq*-Polymerase akzeptiert als Substrat auch modifizierte Nucleotide (zum Beispiel radioaktive, digoxigenin- und biotinmarkierte Nucleotide). Mit Hilfe der PCR kann man also DNA nicht nur vervielfältigen, sondern auch große Mengen markierter DNA-Sonden für die *in situ*-Hybridisierung herstellen. Möglicherweise entwickelt sich die PCR zur Methode der Wahl, wenn es darum geht, klonierte DNA-Sequenzen von weniger als 4 kbp Länge zu markieren.

Ein Protokoll zur DNA-Markierung durch die PCR ist in Tabelle 4.7 beschrieben.

Tabelle 4.7: DNA-Markierung mit Biotin, Digoxigenin oder Fluoreszenzfarbstoffen durch Polymerasekettenreaktion (für DNA-Sequenzen in pUC, pUB oder anderen M13-Vektoren)

Reagentien

a) 10 × PCR-Puffer:
   0,1 M Tris-HCl, pH 8,3 (Anhang)
   0,5 M KCl
   0,03 M $MgCl_2$
   0,1% Gelatine

b) Unmarkierte Nucleotide:
   2,5 mM Lösungen der Nucleotide dATP, dCTP, dTTP, dGTP in 100 mM Tris-HCl, pH 7,5 (Anhang)

c) Markierte Nucleotide:
   Entweder 1 mM Digoxigenin-11-dUTP (Boehringer Mannheim);
   oder 0,4 mM Biotin-11-dUTP (zum Beispiel von Sigma, Substanz in 100 mM Tris-HCl, pH 7,5 lösen);
   oder 1 mM Fluorescein-11-dUTP (Amersham International);
   oder 1 mM Rhodamin-4-dUTP (Amersham International).

d) M13-Primer:
   1. reverser M13 Sequenzierungsprimer (17 Basen; Pharmacia), 1 μm Lösung
   2. M13-Einzelstrangprimer (17 Basen; Pharmacia), 0,2 μM Lösung

e) *Taq*-DNA-Polymerase: 5 Einheiten μl^{-1} (Boehringer Mannheim)

f) DNA: DNA aus Minipräparationen 1:100 in Wasser verdünnt; 3 μl pro Reaktion einsetzen.

Methode

1. In einem 1,5 ml Reaktionsgefäß ansetzen:
   5 μl 10 × PCR-Puffer
   je 2 μl dATP, dCTP, dGTP
   3,25 μl dTTP
   1,75 μl markierte Nucleotide
   9 μl M13-Einzelstrangprimer
   2 μl reverser M13-Primer
   3 μl DNA
   23,5 μl Wasser

   Gesamtvolumen = 49,5 μl

2. Reaktionsgefäße in Thermozykler stellen. Programm 1 starten.

Schritt	Temperatur (°C)	Zeit (min)
1. Denaturierung	91	5
2. Primeranlagerung	47	5

3. Jedes Reaktionsgefäß einzeln entnehmen und 0,5 μl *Taq*-DNA-Polymerase zugeben, mischen und zurück in den Thermozykler stellen.
4. Wenn sämtliche Gefäße Enzym enthalten, jeweils 50 μl Mineralöl zugeben und Programm 2 starten.

Schritt	Temperatur (°C)	Zeit (min)
1. Synthese	72	a
2. Denaturieren	91	1
3. Primeranlagerung	47	1

[a] Bei Sequenzen bis zu 1 kbp 1 min, für jedes weitere kbp 1 min zusätzlich.

Zyklus 40mal wiederholen.

5. PCR-Produkte unter dem Mineralöl entfernen und mit Ethanol fällen (Tabelle 4.5, Schritte 4–9).
6. Sediment in 20–30 μl 1 × TE (Anhang) resuspendieren.
7. PCR-Produkt in Agarosegelelektrophorese testen. Im Gel wandert markierte DNA langsamer als unmarkierte DNA.

Endmarkierung. Das Enzym Terminale Desoxynucleotidyltransferase (TdT) ist eine ungewöhnliche DNA-Polymerase, die matrizenunabhängig Nucleotide an die 3′-OH-Enden doppel- oder einzelsträngiger DNA-Moleküle anhängt (Abbildung 4.4). Das Enzym bevorzugt DNA mit überhängenden 3′-Enden. In Puffern mit geringer Ionenstärke, die Co^{2+}, Mg^{2+} oder Mn^{2+} enthalten, lassen sich, wenn auch nicht so effizient, auch DNA-Moleküle mit glatten oder überhängenden 5′-Enden markieren. Das Ausmaß der Markierung hängt von der Zahl der anfangs vorhandenen 3′-OH-Gruppen ab, an die die Nucleotide angehängt werden. Um eine größere Zahl von 3′-OH-Enden zu erhalten, kann man die großen DNA-Fragmente mit Restriktionsenzymen oder DNase spalten.

Das Enzym akzeptiert modifizierte Nucleotide (radioaktive Nucleotide, biotin- und digoxigenmarkierte Nucleotide). Werden ausschließlich modifizierte dNTPs angeboten, synthetisiert das Enzym einen vollständig markierten DNA-Schwanz.

Die Reaktion ist besonders zur Markierung von Oligonucleotiden (also Sequenzen von weniger als 100 bp Länge) nützlich, die sich nicht für eine Nick-Translation oder Oligomarkierung eignen. Endmarkierungen lassen sich in kurzer Zeit durchführen, und die Länge des DNA-Schwanzes läßt sich mit Hilfe der kommerziell angebotenen Systeme (zum Beispiel von Boehringer Mannheim) beliebig variieren.

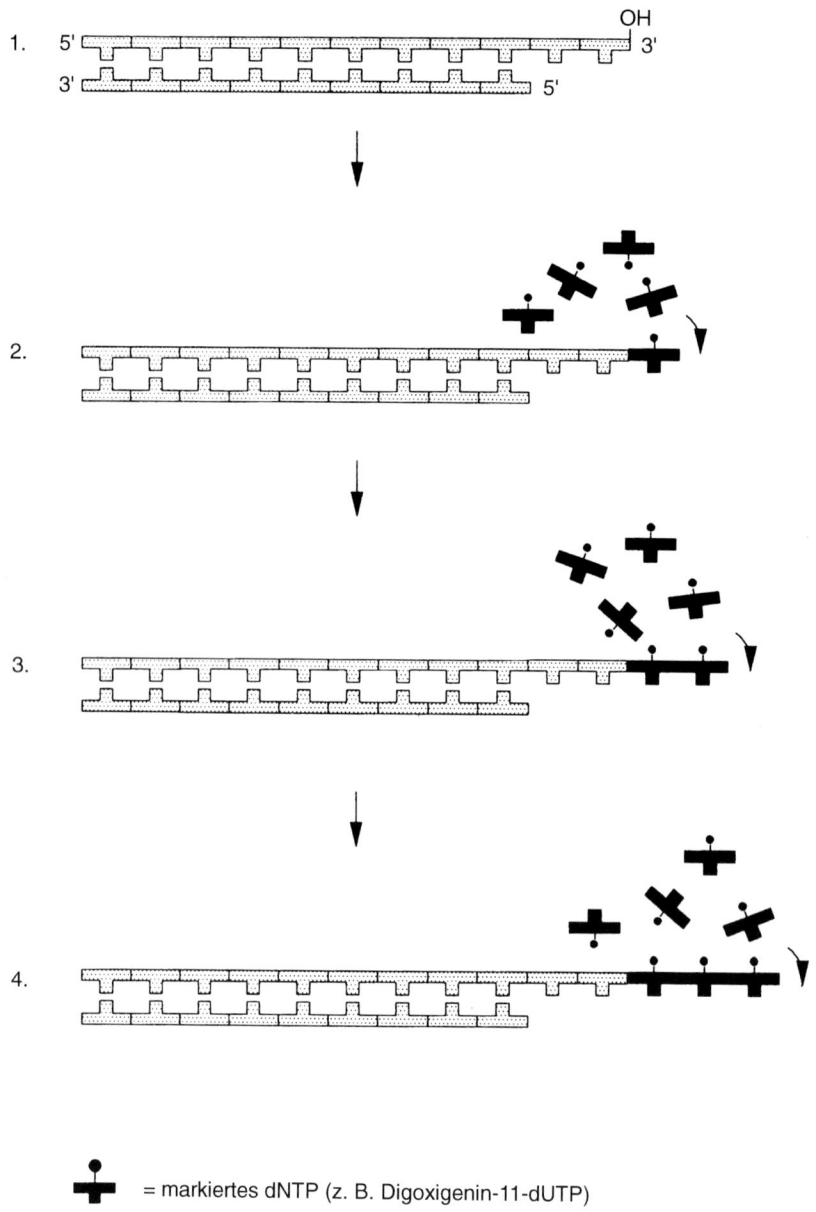

= markiertes dNTP (z. B. Digoxigenin-11-dUTP)

4.4 Endmarkierung.

1. Die Reaktion macht sich das Enzym Terminale Desoxynucleotidyltransferase (TdT) zunutze. Dieses bevorzugt DNA mit überhängenden 3′-Enden als Akzeptoren, unter entsprechenden Reaktionsbedingungen lassen sich jedoch auch glatte oder 5′-überhängende Enden verwenden.

2.–4. TdT hängt markierte Desoxynucleosidtriphosphate (dNTPs) an 3′-Enden doppelsträngiger (oder einzelsträngiger) DNA-Moleküle. Die Reaktion ist matrizenunabhängig. Die Reaktionsmischung enthält in der Regel ausschließlich modifizierte dNTPs, so daß der synthetisierte DNA-Schwanz vollständig markiert ist.

Ein Protokoll für die Markierung von DNA mit überhängenden 3′-Enden ist in Tabelle 4.8 beschrieben.

Tabelle 4.8: Endmarkierung von DNA-Oligonucleotiden (15–50 bp) mit Digoxigenin und Biotin oder Fluoreszenzfarbstoffen

Reagentien

a) 5 × DNA-Tailingpuffer (Boehringer Mannheim):
  1 M Kaliumcacodylat, pH 7,2
  0,125 M Tris-HCl, pH 6,6
  1,25 mg ml^{-1} Rinderserumalbumin

  Vorsicht: Kaliumcacodylat ist giftig.

b) Kobaltchlorid: 25 mM
c) dATP: 10 mM dATP in 100 mM Tris-HCl, pH 7,5 (Anhang)
d) Markierte Nucleotide:
  Entweder 1 mM Digoxigenin-11-dUTP (Boehringer Mannheim);
  oder 1 mM Biotin-11-dUTP (zum Beispiel von Sigma, Substanz in 100 mM Tris-HCl, pH 7,5 lösen);
  oder 1 mM Fluorescein-11-dUTP (Amersham International).
e) Terminale Desoxynucleotidyltransferase (TdT): 10–15 Einheiten μl^{-1} (Boehringer Mannheim).

Methode

1. In einem 1,5 ml-Reaktionsgefäß ansetzen:
  4 μl 5 × DNA-Tailingpuffer
  4 μl Kobaltchlorid
  1 μl markierte Nucleotide
  1 μl dATP
  x μl DNA entsprechend 250–400 ng
  y μl Wasser

  Gesamtvolumen = 19 μl

2. Nach Zugabe von 1 μl TdT vorsichtig mischen, kurz zentrifugieren.
3. Bei 37°C 15 min oder bei Raumtemperatur 2–3 h inkubieren.
4. Ethanolfällung wie Schritte 5–10 in Tabelle 4.6.
5. DNA in 10–20 μl 1 × TE (Anhang) resuspendieren.

4.2.3 Überprüfung der Markierung

Nach der Markierungsreaktion ist es ratsam, den Einbau der markierten Nucleotide zu überprüfen. Die Strahlung der Radionucleotide mißt man in einem Szintillationszähler (Tabelle 4.4). Den Einbau von biotin- und digoxigeninmarkierten Nucleotiden weist man in einem Dot-Blot nach (Tabelle 4.9). Fluoreszenzmarkierungen lassen sich überprüfen, indem man eine kleine Menge der Sonde (zum Beispiel 1 μl) auf einen Objektträger überträgt und in einem Auflicht-Fluoreszenzmikroskop mit geeigneten Filtern (Tabelle 7.1) begutachtet.

Tabelle 4.9: Kontrolle der Markierung mit Biotin oder Digoxigenin durch Dot-Blot

Reagentien

a) Puffer 1:
   0,1 M Tris-HCl, pH 7,5
   0,15 M NaCl

b) Puffer 2:
   0,5% (w/v) Blockingreagenz (Boehringer Mannheim oder Amersham International) in Puffer 1. Zum Lösen mindestens 1 h bei 50–70°C erhitzen. Die fertige Lösung kann man bei 4°C bis zu einem Monat lagern.

c) Puffer 3:
   0,1 M Tris-HCl, pH 9,5 (Anhang)
   0,1 M NaCl
   0,05 M MgCl$_2$

d) Antikörper zum Nachweis von Biotin: Anti-Biotin gekoppelt mit alkalischer Phosphatase (Vector Laboratories) 1:500 in Puffer 1 verdünnen.

e) Antikörper zum Nachweis von Digoxigenin: Anti-Digoxigenin gekoppelt mit alkalischer Phosphatase (Boehringer Mannheim) 1:5 000 in Puffer 1 verdünnen.

f) Nachweisreagentien (unmittelbar vor Gebrauch ansetzen):
   22,5 μl NBT-Lösung (4-Nitroblautetrazoliumchlorid, 75 mg ml^{-1} in 70% Dimethylformamid; als Lösung von Gibco BRL erhältlich). Gefroren in Portionen lagern. 17,5 μl BCIP (5-Brom-4-chlor-2-indolylphosphat, 50 mg ml^{-1} in 70% Dimethylformamid; als Lösung von Gibco BRL erhältlich). Gefroren in Portionen lagern. 4,96 ml Puffer 3

Methode

1. Hybond N$^+$-Membran (Amersham International) auf die erforderliche Größe zurechtschneiden.
2. Membran 5 min in Puffer 1 einweichen und dann zwischen Filterpapier trocknen.
3. DNA (0,5–1 μl) auf die Membran pipettieren und 5–10 min trocknen.
4. Membran erst 1 min in Puffer 1 legen, dann 30 min in Puffer 2 leicht schütteln.
5. Membran vorsichtig abtropfen lassen. Den entsprechenden Antikörper über die Membran verteilen und 30 min unter leichtem Schütteln bei 37°C inkubieren.
6. Membran 3 × 5 min in Puffer 1 waschen.
7. Membran 2 min in Puffer 3 legen.
8. Nachweisreagentien ansetzen, über Membran verteilen und für die Farbreaktion 5–10 min ins Dunkle stellen. Membran in Wasser waschen und trocknen.

4.2.4 Chemische Markierung

2-Acetylaminofluoren. Sowohl doppelsträngige als auch einzelsträngige DNA und RNA kann man chemisch mit 2-Acetylaminofluoren (AAF), einem starken Antigen, markieren (Landegent et al., 1984). Durch Reaktion mit *N*-Acetoxy-2-acetylaminofluoren (*N*-Aco-AAF) wird AAF an die Nucleinsäure gekoppelt. AAF findet sich vorwiegend an der C-8-Position von Guaninresten. Der Grad der Modifizierung läßt sich kontrollieren, indem man das Verhältnis zwischen *N*-Aco-AAF und Nucleinsäure verändert. Im allgemeinen reicht jedoch eine Modifizierung von 5–10 Prozent aus. Bei einem geringeren Modifizierungsgrad (etwa 2 Prozent) ist das Signal schwächer, bei stärkerem Einbau können sterische Faktoren die Antikörperbindung bei der Nachweisreaktion stören.

Durch diese einfache und schnelle (20–30 min) Markierungsreaktion lassen sich sehr stabile Sonden herstellen; die Technik hat sich jedoch vermutlich wegen der Toxizität des Karzinogens AAF nicht durchgesetzt.

Sulfonierung. Einzelsträngige DNA-Sonden können durch Insertion einer Sulfongruppe an der C-6-Position von Cytosin chemisch markiert werden. Natriumbisulfid katalysiert diese Reaktion. Die Substitution der Aminogruppe am C-4 von Cytosin durch Methoxyamin stabilisiert die Sulfongruppe. Das sulfonierte Cytosin ist ein starkes Antigen (Verdlov et al., 1974). Ungefähr 10–15 Prozent der Cytosinreste lassen sich auf diese Weise modifizieren.

Die Methode ist einfach und eignet sich auch für ungereinigte DNA, wenn diese länger als 100 bp ist. Man führt die Reaktion normalerweise über Nacht durch, sie läßt sich jedoch durch eine Erhöhung der Methoxyaminkonzentration und der Temperatur auf 42°C auch innerhalb von 4–6 h durchführen.

FMC Bioproducts bietet ein Sulfonierungssystem für Markierung und Nachweis von DNA an (Chemiprobe Kit).

Quecksilber. Quecksilber kann an der C-5-Position von Pyrimidinbasen (RNA: Cytosin, Uracil; DNA: Cytosin) eingebaut werden (Hopman et al., 1987). Durch Variation der Inkubationszeit (gewöhnlich 8–16 h) kann man den Grad der Modifizierung festlegen. Innerhalb von 8 h lassen sich 30–40 Prozent der Uracil- und Cytosinreste in RNA und 40–50 Prozent der Cytosinreste in DNA modifizieren. Da Quecksilber giftig ist, wird die Technik kaum angewandt.

Photomarkierung. Man kann DNA und RNA auch mit einer Reihe lichtsensitiver Verbindungen, wie Photobiotin und Photodigoxigenin, markieren. Diese Methode wird, obwohl sie theoretisch durchaus denkbar wäre, für *in situ*-Hybridisierungen jedoch kaum eingesetzt.

4.2.5 *Primed in situ*-Markierung

Als Alternative zur gängigen Praxis, eine Nucleinsäure erst zu markieren und dann als Sonde in einer *in situ*-Hybridisierung einzusetzen, wurde eine Methode entwickelt, die als *primed in situ*-Markierung (PRINS) bezeichnet wird. Dabei hybridisiert man das Präparat zunächst mit einer spezifischen DNA-Sequenz, die anschließend einer DNA-Polymerase oder Reversen Transkriptase als Primer für die Synthese eines markierten DNA-Stranges dient. Sowohl klonierte DNA-Fragmente als auch synthetische Oligonucleotide und PCR-Produkte eignen sich als Primer für diese Art der *in situ*-Markierung. Durch direkte Markierung von Chromosomen nach der Primerbindung konnten Chromosomen nachgewiesen (Koch et al., 1991) und mRNAs lokalisiert werden (Tecott et al., 1988).

4.3 Literatur

Baldini A, Ross M, Nizetic D, Vatchvea R, Lindsay EA, Lehrach H, Siniscalco M. (1992) Chromosomal assignment of human YAC clones by fluorescent *in situ* hybridization: use of single-yeast-colony PCR and multiple labelling, *Genomics* 14, 181–184.

Bauman JGJ, Wiegant J, Borst P, van Duijn P. (1980) A new method for fluorescence microscopical localization of specific DNA sequences by *in situ* hybridization of fluorochrome-labelled RNA. *Exp. Cell Res.* 128, 485–490.

Cook AF, Vuocolo E, Brakel CL. (1988) Synthesis and hybridization of a series of biotinylated oligonucleotides. *Nucleic Acids Res.* 16, 4077–4095.

Hopman AHN, Wiegant J, van Duijn P. (1987) Mercurated nucleic acid probes, a new principle for non-radioactive *in situ* hybridization. *Exp. Cell Res.* 169, 357–368.

Keller GH, Manak MM. (1989) *DNA Probes.* Macmillan Publishers, New York.

Koch JE, Hindkjaer J, Mogensen J, Kϕlvra S, Bolund L. (1991) An improved method for chromosome-specific labelling of α satellite DNA *in situ* by using denatured double-stranded DNA probes as primers in a primed *in situ* labeling (PRINS) procedure. *Genet. Anal. Techniques Applications* 8, 171–178.

Landegent JE, Jansen in der Wal N, Baan RA, Hoeijmakers JHJ, van der Ploeg M. (1984) 2-Acetylaminofluorene-modified probes for the indirect hybridocytochemical detection of specific nucleic acid sequences. *Exp. Cell Res.* 153, 61–72.

Lengauer C, Riethman H, Cremer T. (1990) Painting of human chromosomes with probes generated from hybrid cell lines by PCR with *Alu* and L1 primers. *Hum. Genet.* 86, 1–6.

Lichter P, Cremer T, Borden J, Manuelidis L, Ward DC. (1988) Delineation of individual human chromosomes in metaphase and interphase cells by *in situ* suppression hybridization using recombinant DNA libraries. *Hum. Genet.* 80, 224–234.

Lichter P, Chang Tang C-J, Call K, Hermanson G, Evans GA, Housman D, Ward DC. (1990) High resolution mapping of human chromosome 11 by *in situ* hybridization with cosmid clones. *Science* 247, 64–69.

Nisson PE, Watkins PC, Menninger JC, Ward DC. (1991) Improved suppression hybridization with human DNA (Cot-1 DNA) enriched for repetitive DNA sequences. *Focus* 13, 42–45.

Ried T, Baldini A, Rand TC, Ward DC. (1992) Simultaneous visualization of seven different DNA probes by *in situ* hybridization using combinatorial fluorescence and digital imaging microscopy. *Proc. Natl. Acad. Sci. USA* 89, 1388–1392.

Sambrook J, Fritsch EF, Maniatis T. (1989) *Molecular Cloning: a Laboratory Manual*. Cold Spring Harbor Laboratory Press, New York.

Selleri L, Hermanson GG, Eubanks JH, Evans GA. (1991) Chromosomal *in situ* hybridization using yeast artificial chromosomes. *Genet. Anal. Techniq. Applic.* 8, 59–66.

Tecott LH, Barchas JD, Eberwine JH. (1988) *In situ* transcription: specific synthesis of complementary DNA in fixed tissue sections. *Science* 240, 1661–1664.

Verdlov ED, Monastyrskaya GS, Guskova LI, Levitan TL, Sheichenko VI, Budowsky EI. (1974) Modification of cytidine residues with a bisulphite-O-methylhydroxylamine mixture. *Biochim. Biophys. Acta* 340, 153–165.

Wiegant J, Ried T, Nederlof PM, van der Ploeg M, Tanke HJ, Raap AK. (1991) *In situ* hybridization with fluoresceinated DNA. *Nucleic Acids Res.* 19, 3237–3241.

5.

Denaturierung, Hybridisierung und Waschen

5.1 Theorie

Die *in situ*-Hybridisierung macht sich die Reassoziationskinetik doppelsträngiger Nucleinsäuremoleküle zunutze. Doppelsträngige Nucleinsäuren entstehen, indem sich zwei komplementäre Einzelstränge über Wasserstoffbrückenbindungen zusammenlagern. Jeder Nucleinsäureeinzelstrang ist ein lineares unverzweigtes Polymer mit einem Zucker-Phosphat-(Phosphodiester-)Rückgrat, das an jedem Zuckerrest eine Base (Purin oder Pyrimidin) trägt. Die Wasserstoffbrücken bilden sich zwischen Aminogruppen (NH_2) und Ketogruppen (C=O) komplementärer Basen. In der DNA-Doppelhelix paart Adenin (A, eine Purinbase) über Wasserstoffbrücken mit Thymin (T, eine Pyrimidinbase) im gegenüberliegenden Polynucleotidstrang und Guanin (G, eine Purinbase) mit Cytosin (C, eine Pyrimidinbase). In RNA-Strängen ersetzt Uracil (U, eine Pyrimidinbase) Thymin. Purin-Purin-Paare wären zu sperrig, um in die Helix zu passen, während Pyrimidin-Pyrimidin-Paare zu weit voneinander entfernt lägen, um Wasserstoffbrückenbindungen eingehen zu können.

Unter definierten Bedingungen läßt sich die Stabilität eines Doppelstrangs durch Berechnung der Schmelztemperatur (T_m) bestimmen. Dies ist die Temperatur, bei der die Hälfte der doppelsträngigen Moleküle in Einzelstränge dissoziiert oder „schmilzt". Je stabiler die Doppelhelix, umso höher ist die Schmelztemperatur (das heißt, umso mehr Energie benötigt man, um die Stränge zu denaturieren). Die Schmelztemperatur von DNA-Doppelsträngen, die länger als 250 bp sind, kann man mit Formel 5.1 berechnen:

$$T_m = 0{,}41 \ (\% \ GC) + 16{,}6 \log M - 500/n - 0{,}61 \ (\% \ \text{Formamid}) + 81{,}5 \quad [5.1]$$

T_m = Schmelztemperatur (°C), (% GC) = prozentualer Anteil von Guanin und Cytosin in der Sondensequenz (falls unbekannt, können Durchschnittswerte eingesetzt werden, zum Beispiel 45% bei Getreide, 40% beim Menschen), M = Konzentration monovalenter Kationen (Na$^+$) in der Hybridisierungslösung (mol^{-1}), n = Sondenlänge in Basenpaaren (zum Beispiel 250–500 bp nach Nick-Translation), % Formamid = Formamidkonzentration in Volumenprozent. Die Schmelztemperatur von RNA:DNA-Hybriden liegt 10–15°C höher, die von RNA:RNA-Doppelsträngen 20–25°C höher.

Die Stabilität von Nucleinsäurehybriden hängt von einer Reihe verschiedener Faktoren ab:

1. *Anteil von Guanin und Cytosin (% GC).* GC-Paare sind fester miteinander verbunden als AT-Paare, da sie drei statt nur zwei Wasserstoffbrücken ausbilden. Eine DNA mit hohem GC-Gehalt ist daher stabiler als AT-reiche DNA und läßt sich nur mit größerem Energieeinsatz in Einzelstränge trennen. Zwischen der Stabilität von DNA-Doppelsträngen und dem Verhältnis von AT:GC besteht ein linearer Zusammenhang.

2. *Länge des Nucleinsäurehybrids.* Im allgemeinen sind lange Doppelhelices stabiler als kurze, da sie durch eine größere Zahl von Wasserstoffbrückenbindungen zusammengehalten werden und deshalb auch mehr Energie zu ihrer Denaturierung erfordern. Oligonucleotidsonden können nur relativ wenige Wasserstoffbrücken mit der Zielsequenz ausbilden und sind daher weniger stabil. Die Schmelztemperatur eines 30 bp langen Oligonucleotids liegt beispielsweise 5°C unter der einer Sequenz von über 250 bp (Lathe, 1990).

3. *Umgebung der Nucleinsäurehybride.* Gewöhnlich enthält die Hybridisierungslösung (Abschnitt 5.4) ebenso wie die Lösung für die anschließenden Waschschritte (Abschnitt 5.5) Formamid und einen Puffer mit monovalenten Kationen. Formamid wirkt destabilisierend, indem es die Ausbildung von Wasserstoffbrücken hemmt. Monovalente Kationen (meist Na$^+$) erhöhen dagegen die Stabilität der Doppelstränge. Bei definierten Formamid- und Na$^+$-Konzentrationen bestimmt die Temperatur die Stringenz der *in situ*-Hybridisierung (Abschnitt 5.2).

4. *Art der Nucleinsäurehybride.* RNA:RNA-Doppelstränge sind thermisch stabiler als DNA:DNA-Doppelstränge. Die Stabilität von DNA:RNA-Hybriden liegt dazwischen.

5. *Basenfehlpaarungen.* Fehlerhaft gepaarte Nucleotide (zum Beispiel T-T statt A-T) können keine Wasserstoffbrücken bilden und vermindern daher die Stabilität der Doppelhelix. Wie stark sich Fehlpaarungen auswirken, hängt unter anderem von der Länge der Sonde ab. Je länger das Hybridmolekül, umso geringer ist der Effekt einer einzelnen Basenfehlpaarung auf die Stabilität des Doppelstranges.

Die Formel ist für biologische Präparate nicht uneingeschränkt gültig, da sich Nucleinsäuren *in situ* nicht genauso wie in Lösungen verhalten. Die Konformation der Nucleinsäure im Präparat beeinflußt wahrscheinlich die Schmelztemperatur. Die DNA eines Chromosoms ist in einer hierarchischen Struktur verpackt: Der DNA-Doppelstrang ist in Nucleosomen aufgespult, die in Solenoide aufgewickelt sind, welche wiederum zur Chromosomenfaser verpackt sind. Außerdem beeinflußt die Art der Gewebefixierung die Stabilität der Doppelhelix. Wenn das Fixiermittel zum Beispiel assoziierte Proteine mit der Nucleinsäure quervernetzt, sind zur Denaturierung höhere Temperaturen als die errechnete Schmelztemperatur erforderlich. Die optimalen Reaktionsbedingungen muß man für jedes zu untersuchende Gewebe empirisch bestimmen.

5.2 Stringenz

Die Stringenz, mit der die *in situ*-Hybridisierung durchgeführt wird, bestimmt den ungefähren Prozentsatz korrekt gepaarter Nucleotide im Doppelstrang aus Sonde und Zielsequenz; er kann mit Formel 5.2 bestimmt werden.

$$\text{Stringenz } (\%) = 100 - M_f\,(t_m - t_a) \tag{5.2}$$

M_f = Fehlpaarungsfaktor (1 für Sonden über 150 bp, 5 für Sonden unter 20 bp Länge), t_m = errechnete Schmelztemperatur (°C; T_m Formel 5.1), t_a = Temperatur (°C), bei der die *in situ*-Hybridisierung beziehungsweise die Waschschritte durchgeführt werden.

Die Stringenz hängt von der Temperatur, der Ionenstärke und der Konzentration helixdestabilisierender Moleküle (zum Beispiel Formamid) in den Hybridisierungs- und Waschlösungen ab. Unter stringenten Bedingungen bleiben nur Sonden mit nahezu perfekt komplementären Sequenzen gepaart. Mit abnehmender Stringenz erhöht sich in den Doppelsträngen die Zahl der Basenfehlpaarungen (zum Beispiel T-T statt A-T). Bei Sonden über 150 bp Länge erhöht sich diese Zahl um jeweils 1 Prozent, wenn die Schmelztemperatur um etwa 1 °C sinkt, bei Oligomeren mit 20 bp kann die Schmelztemperatur pro Prozent Fehlpaarung sogar um bis zu 5 °C niedriger liegen.

Bei einer Veröffentlichung der *in situ*-Hybridisierungsdaten sollte man den Anteil falsch gepaarter Basen abschätzen und angeben, da er ein Anhaltspunkt für die Spezifität des Signals ist. In der Praxis ist die genaue

Länge und Sequenz der Sonde nicht immer bekannt, und die Zielsequenz mit nucleinsäurebindenden Proteinen verpackt, so daß sich die Stringenz nicht exakt berechnen läßt und deshalb gewöhnlich mit Fehlergrenzen von etwa fünf Prozent angegeben wird. Schwarzacher-Robinson et al. (1988) haben in Experimenten, in denen sie Satellitensequenzen über Dichtegradientenzentrifugation gereinigt und anschließend auf menschlichen Chromosomen lokalisiert haben, die Stringenz genau eingestellt. Bei niedriger Stringenz (60–65% Homologie zwischen Sonde und Ziel) hybridisierte die Sonde an mehr Stellen im Genom, als wenn die Hybridisierung bei höherer Stringenz (80–85% Homologie) durchgeführt wurde (Abbildung 2.1h). Durch Variieren der Stringenz erfährt man so etwas über den Grad der Verwandtschaft verschiedener genomischer Sequenzen.

5.3 Denaturierung

Bei der DNA:DNA-*in situ*-Hybridisierung muß man sowohl die Sonde als auch die Zielsequenzen zunächst denaturieren, damit beide als Einzelstränge vorliegen. Ribosonden sind zwar einzelsträngig, sollten jedoch ebenfalls denaturiert werden, da sie mit intramolekularen komplementären Regionen Doppelstränge bilden können. RNA-Zielsequenzen sind im Cytoplasma oder Nucleoplasma der Zelle als einzelsträngige Moleküle immobilisiert und müssen deshalb nicht mehr denaturiert werden.

Um DNA- und RNA-Sonden zu denaturieren, erhitzt man sie gewöhnlich auf eine Temperatur 30°C über der errechneten Schmelztemperatur (Bedingungen für RNA: Abschnitt 8.1.2; für DNA: Abschnitt 8.2.2). Die Bedingungen für eine Denaturierung von Zielsequenzen sind kritischer als für eine Denaturierung der Sonde, da zwischen einer ausreichenden Denaturierung und dem Verlust der Ziel-DNA nur wenig Spielraum bleibt. Nach unseren Erfahrungen scheinen die erforderlichen Bedingungen je nach Spezies, Zelltyp und Fixiermethode zu variieren. Sowohl die Konformation der Nucleinsäuren als auch ihre Assoziation mit verschiedenen Proteinen beeinflussen die Denaturierungstemperatur (Darzynkiewicz, 1990). Allzu drastische Bedingungen führen zum Verlust von DNA und sollten deshalb vor allem beim Nachweis von Einzelkopiesequenzen vermieden werden.

Gerade die Verfahren für die Denaturierung der Ziel-DNA unterscheiden sich von Labor zu Labor erheblich. Verbreitet sind Denaturierungsverfahren mit Säuren, Alkali oder Formamid in Ionenpuffern bei verschiedenen Temperaturen, Konzentrationen und Inkubationszeiten. Arbeitet man mit nichtradioaktiven Sonden, bei denen das Markermolekül über eine Esterbindung an das Nucleotid gekoppelt ist, darf man nicht mit alkalischen Lösungen denaturieren, da die Markierung sonst durch alkalische Hydrolyse verloren geht. Einige Arbeitsgruppen verwenden das Enzym Exonuclease I, um einzelsträngige Ziel-DNA zu erhalten (van Dekken et al., 1988). Damit die Exonuclease arbeiten kann, führt man zunächst, zum Beispiel mit DNase I, Einzelstrangbrüche in die DNA ein. Mit sämtlichen Methoden läßt sich die Ziel-DNA für die Hybridisierung mit der Sonde hinreichend denaturieren. Die Denaturierungstechnik mag jedoch ein Grund für die von Labor zu Labor sehr unterschiedliche Qualität der *in situ*-Hybridisierung sein.

Die Objektträger mit den Präparaten werden entweder getrennt von der Sonde oder mit ihr zusammen denaturiert; letzteres nennt man kombinierte Denaturierung. Für LR-White-Schnitte und Chromosomenspreitungen ist die kombinierte Denaturierung unsere Methode der Wahl. Das Verfahren ist einigermaßen sicher und kommt ohne größere Mengen heißen Formamids aus.

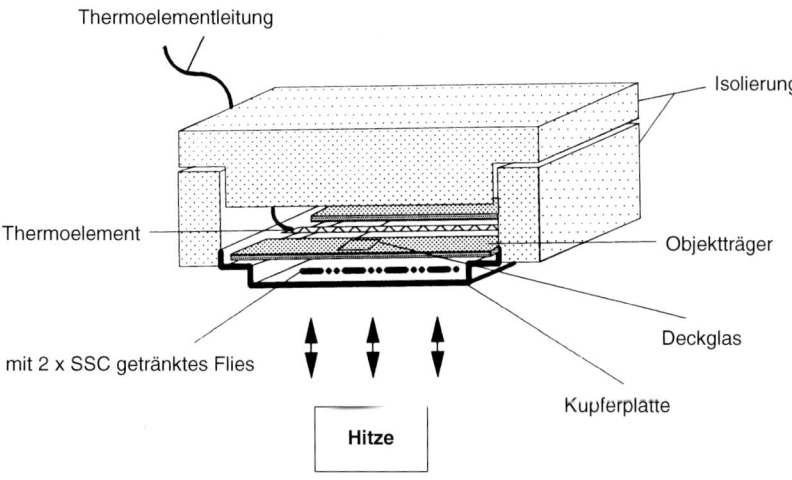

5.1 Querschnitt durch einen programmierbaren Heizblock, der für *in situ*-Hybridisierungen von Objektträgern eingerichtet ist (Cambio). Aus Heslop-Harrison et al. (1992) mit freundlicher Genehmigung von Academic Press.

Die kombinierte Denaturierung läßt sich mit Hilfe eines programmierbaren Heizblocks, der für Objektträger umgebaut worden ist, gut steuern (Heslop-Harrison et al., 1991; Abbildung 5.1). Eine programmierbare Apparatur ermöglicht die genaue Kontrolle und Reproduzierbarkeit von Denaturierung und Hybridisierung. Das Protokoll in Kapitel 8 beschreibt ein einfacheres System, programmierbare Heizblöcke sind jedoch empfehlenswert.

5.4 Hybridisierung

Wenn die Sonde und die nachzuweisende Nucleinsäure einzelsträngig vorliegen, erfolgt die Hybridisierung gewöhnlich über Nacht; bei DNA:DNA-Hybriden bei 37°C, bei RNA:RNA-Hybriden bei 50–55°C, also etwa 20–25°C unterhalb der Schmelztemperatur.

Bei radioaktiven *in situ*-Hybridisierungen setzen wir die Sonde in einer Konzentration von 0,1–0,3 ng μl^{-1} pro kbp Sondenlänge ein. Die Sondenkonzentration steigt also mit der Länge der Sonde. Da bei radioaktiver Markierung starke Hintergrundsignale auftreten können, ist die Endkonzentration radioaktiver Sonden kritischer als bei nichtradioaktiv markierten Sonden. Letztere verwendet man ohne Berücksichtigung ihrer Länge in höherer Konzentration (klonierte Fragmente: 0,5–2,0 ng μl^{-1}, genomische Sonden: 1,5–5,0 ng μl^{-1}). Unabhängig von der Art der Markierung verursachen überhöhte Sondenkonzentrationen unspezifische Signale.

Gewöhnlich pipettiert man die Nucleinsäuresonden in Hybridisierungslösungen, die Formamid, Salze, Dextransulfat sowie gegebenenfalls Blockade-DNA oder tRNA, Natriumdodecylsulfat und Rinderserumalbumin enthalten.

1. *Formamid* sorgt in Denaturierungs- und Hybridisierungslösungen dafür, daß die Reaktionen bei einer Temperatur stattfinden können, die die Gewebestruktur nicht schädigt. Formamid beeinflußt darüber hinaus auch die Stringenz.
2. *Gelöste Salze* bestimmen die Ionenstärke von Hybridisierungs- und Denaturierungslösungen und wirken stabilisierend auf Nucleinsäuredoppelstränge.
3. *Dextransulfat* ist ein inertes Polymer, ein Polyanion, mit hohem Molekulargewicht (500 000), das die Geschwindigkeit der Hybridisierung verdreifacht. Dextransulfat bildet eine Matrix in der Hybridisierungslösung, so daß die Sonde lokal konzentriert wird, ohne die Stringenz zu beeinflussen. Andere Polymere (zum Beispiel Polyethylenglycol) und nichtpolymere Substanzen wie Phenol steigern ebenfalls die Hybridisierungsgeschwindigkeit.
4. *Unmarkierte Blockade-DNA oder tRNA* soll verhindern, daß die Sonde mit unspezifischen Sequenzen hybridisiert. Genomische Gesamt-DNA bringt man dazu vorher durch Autoklavieren auf eine Länge von 100–200 bp.
5. *Natriumdodecylsulfat* (SDS) erleichtert als benetzendes Mittel das Eindringen der Sonde.
6. *Rinderserumalbumin* (BSA) kann unspezifische Hybridisierung vermeiden helfen.

5.4.1 Hybridisierungsgeschwindigkeit

Der genaue Anteil der Zielsequenzen, der für eine *in situ*-Hybridisierung tatsächlich verfügbar ist, läßt sich nur schwer bestimmen, da weder die Konformation der Nucleinsäure noch deren Wechselwirkung mit den Proteinen bekannt sind. Bei den meisten *in situ*-Hybridisierungen ist die Sonde jedoch im Überschuß vorhanden, und deshalb entspricht die Kinetik der einer Reaktion erster Ordnung.

Die Geschwindigkeit der Hybridisierung hängt von der Sondenlänge, der Komplexität der Sequenz (das heißt Anzahl der Sequenzwiederholungen) und ihrer Konzentration ab. Im allgemeinen hybridisieren lange Sonden langsamer, da sie schlechter in das Präparat diffundieren. Die Hybridisierungsgeschwindigkeit läßt sich mit Dextransulfat erhöhen (siehe oben). Wahrscheinlich ist die Reaktionsgeschwindigkeit um den Faktor 7–10 niedriger, wenn ein Strang *in situ* immobilisiert ist, als wenn er in Lösung hybridisiert wird.

5.5 Waschen nach der Hybridisierung

Die Waschschritte nach der Hybridisierung erfolgen meist unter etwas stringenteren Bedingungen als die Hybridisierung, damit locker gebundene Sonden entfernt werden und nur perfekt oder nahezu perfekt gepaarte Hybridmoleküle übrig bleiben. In der Regel liegt die Temperatur beim Waschen ungefähr 15–20°C unter der Schmelztemperatur eines perfekt gepaarten Doppelstrangs, so daß die Homologie von Sonde und Zielsequenz etwa 85 Prozent betragen muß. Die für ein optimales Signal erforderliche Stringenz muß empirisch ermittelt werden.

Bei RNA:RNA-*in situ*-Hybridisierungen wird oft ein zusätzlicher Schritt durchgeführt. RNA-Sonden haften recht fest am Präparat und können auf diese Weise starke unspezifische Signale erzeugen. Um einzelsträngige, nichthybridisierte Sonden zu entfernen, behandelt man das Präparat nach der Hybridisierung mit RNase A. Dieses Enzym greift Doppelstränge nicht an, reduziert aber wirkungsvoll das Hintergrundsignal.

5.6 Literatur

Darzynkiewicz Z. (1990) Acid-induced denaturation of DNA *in situ* as a probe of chromatin structure. *Methods Cell Biol.* 33, 337–352.

Heslop-Harrison JS, Schwarzacher T, Anamthawat-Jónsson K, Leitch AR, Min S, Leitch IJ. (1991) *In situ* hybridization with automated chromosome denaturation. *Techniques* 3, 109–115.

Lathe R. (1990) Oligonucleotide probes for *in situ* hybridization. Seite 71–80. In: *In Situ Hybridization, Principles and Practice* (Hrsg. JM Polak and JO'D McGee). Oxford University Press, New York.

Meinkoth J, Wahl G. (1984) Hybridization of nucleic acids immobilized on solid supports. *Anal. Biochem.* 138, 267–284.

Nakamura RM. (1990) Overview and principles of *in situ* hybridization. *Clin. Biochem.* 23, 255–259.

Raap AK, Marijnen JGJ, Vrolijk J, van der Ploeg M. (1986) Denaturation, renaturation, and loss of DNA during *in situ* hybridization procedures. *Cytometry* 7, 235–242.

Schwarzacher-Robinson T, Cram LS, Meyne J, Moyzis RK. (1988) Characterization of human heterochromatin by *in situ* hybridization with satellite DNA clones. *Cytogenet. Cell Genet.* 47, 192–196.

van Dekken H, Pinkel D, Mullikin J, Gray JW. (1988) Enzymatic production of single-stranded DNA as a target for fluorescence *in situ* hybridization. *Chromosoma* 97, 1–5.

6.

Nachweis der Hybridisierungsstellen

Im Anschluß an die Hybridisierung der Sonde und die stringenten Waschschritte weist man die Stellen im Präparat nach, an denen die Sonde hybridisiert hat. Die Methoden zum Nachweis und zur Visualisierung der Signale richten sich nach der Art der Markierung der Sonde (Tabelle 6.1). Ein Vergleich der signalgebenden Systeme findet sich in Tabelle 6.2.

Tabelle 6.1: Nachweisverfahren

Markierung der DNA oder RNA	Nachweissystem	signalgebendes System
1. radioaktive Markierung zum Beispiel ^{3}H, ^{35}S, ^{125}I, ^{32}P	Autoradiographie	
2. nichtradioaktive Markierung		
Digoxigenin	Immuncytochemie	
2-Acetylaminofluoren	Immuncytochemie	Fluoreszenz
Sulfongruppen	Immuncytochemie	enzymatisch erzeugte Präzipitate
Quecksilber/Trinitrophenol	Immuncytochemie	Metalle
Bromdesoxyuridin	Immuncytochemie	
Biotin	Immuncytochemie (Strept-)Avidin	
Fluoreszenzfarbstoffe	direkter Nachweis	Fluoreszenz

6.1 Nachweis radioaktiv markierter Sonden

Radioaktiv markierte Sonden weist man gewöhnlich durch eine Autoradiographie nach. Dazu beschichtet man Objektträger mit einer strahlungssensitiven Emulsion und läßt sie trocknen, um so einen möglichst engen Kontakt

Tabelle 6.2: Vergleich signalgebender Systeme

	direkte radioaktive Markierung	direkte Fluoreszenzmarkierung	indirekte Fluoreszenzmarkierung	indirekte Markierung durch Enzyme	indirekte Markierung durch Goldpartikel
für die LM geeignet	***	****	****	****	***
für die EM geeignet	**	Nein	Nein	*** Signal mäßig, schlechte Auflösung	*** schwaches Signal, gute Auflösung
Sensitivität	*** 1 kbp oder besser	* >10 kbp	** 10 kbp	** 10 kbp	* >10 kbp
Stärke des Signals	***	**	***	***	**
Auflösung	* LM Silberkornstreuung * EM Silberkornstreuung	**** bei Signalverstärkung schlechtere Auflösung	*** bei Signalverstärkung schlechtere Auflösung	** LM geringe Signalstreuung ** EM geringe Signalstreuung	*** LM **** EM
Beständigkeit des Signals[a]	****	* verblaßt im Mikroskop, instabil	* verblaßt im Mikroskop, instabil	***	****
Zeitaufwand	*** experimentelle Vorbereitung * Filmexposition	**** Ergebnisse unmittelbar sichtbar	***	**	***
Mehrfachmarkierung	unpraktikabel	**** sehr gute Farbunterschiede	*** gute Farbunterschiede, Gefahr von Kreuznachweisen	** schwache Farbunterschiede zwischen den Präzipitaten	*** verschiedene Partikelgrößen (nur EM)
Gegenfärbung	*** histochemische Färbungen ** Chromatinfärbungen	**** Chromatinfärbungen	**** Chromatinfärbungen	*** histochemische Färbungen	*** histochemische Färbungen Chromatinfärbungen
Quantifizierung	*** Silberkörner auszählen	** Größe und Intensität des Fluoreszenzsignals	* Größe und Intensität des Fluoreszenzsignals	** Chromatinfärbungen * kolorimetrisch	*** Partikel auszählen
Kosten	***	** Auflicht-Fluoreszenzmikroskop	** Auflicht-Fluoreszenzmikroskop	***	***
Sicherheit	** radioaktive Strahlung	*** möglicherweise toxisch	*** möglicherweise toxisch	** einige Verbindungen karzinogen	****

* schlecht, ** eher schlecht, *** recht gut, **** gut

[a] Filme auf EM-Gittern können nach in situ-Hybridisierungen sehr empfindlich sein.

zwischen Emulsion und Präparat herzustellen. Die Schichtdicke der Emulsion, gewöhnlich 3–4 μm, ist ein Kompromiß zwischen der Empfindlichkeit des Films, die mit der Schichtdicke ansteigt, und seinem Auflösungsvermögen, das mit der Schichtdicke abnimmt. Die verschiedenen Arten von Emulsionen und ihre Anwendungen beschreibt Baker (1989).

Die Schwärzung des Autoradiogramms entsteht durch die Wechselwirkung von β-Partikeln, die das Isotop ausstrahlt, mit Atomen in der Emulsion. Durch die Energie dieser Wechselwirkung werden Silberhalogenide in der Emulsion zu metallischem Silber reduziert, und es entsteht eine unsichtbare Aufzeichnung. Dieses latente Bild kann man mit gängigen photographischen Methoden entwickeln und fixieren. Die Silberkörner sind im Hellfeld- und Dunkelfeldmikroskop (Abschnitt 7.2.2; Abbildungen 2.5 und 2.7d–f) sowie im Elektronenmikroskop (Abschnitt 7.3) sichtbar.

Wie deutlich sich die Silberkörner abzeichnen, hängt von der Emissionsenergie des eingesetzten Isotops ab (Abschnitt 4.2.1, Tabelle 4.2). Man geht davon aus, daß das Zentrum einer Gruppe von Silberkörnern die Stelle repräsentiert, an der eine Sonde hybridisiert hat. Bei der Kartierung von DNA-Sequenzen werden oft viele Chromosomenspreitungen statistisch ausgewertet, um zu bestimmen, welche Chromosomen Signale über dem Hintergrundniveau aufweisen.

6.2 Nachweis nichtradioaktiv markierter Sonden

Die Mehrzahl der Markermoleküle sind immunogen und lassen sich mit Antikorpern (zum Beispiel Anti-Digoxigenin) nachweisen. Biotin läßt sich entweder mit Anti-Biotin-Antikörpern oder mit Avidin beziehungsweise Streptavidin nachweisen.

6.2.1 Immuncytochemie

Dieses Nachweisverfahren, das hybridisierte Sonden sichtbar macht, arbeitet in seiner einstufigen Variante mit einem primären Antikörper (der gegen das Markermolekül gerichtet ist) (Abbildung 6.1a). In der zweistufigen Form des Nachweisverfahrens (Abbildung 6.1b) trägt ein sekundärer Antikörper (der gegen die Spezies gerichtet ist, die den primären Antikörper produziert hat) das Signal. Die zweistufige Methode ist im allgemeinen sensitiver als die einstufige, da an jeden primären Antikörper mehrere sekundäre binden und so das Signal verstärken können.

Für den Nachweis von Quecksilbermarkierungen ist ein zusätzlicher Schritt nötig, da Quecksilber nicht als Antigen erkannt wird. Nach Hybridisierung der Sonde verknüpft man das Quecksilber erst mit einem Liganden, der eine immunogene Gruppe, wie Trinitrophenol (Tnp), trägt. An Tnp bindet dann ein primärer Antikörper, der wiederum mit einem sekundären signalgebenden Antikörper nachgewiesen wird (Hopman et al., 1987). Ein Vorteil dieses Systems besteht darin, daß die Quecksilbermarkierung der Sonde die Hybridisierung nicht beeinträchtigt und man große Mengen Quecksilber einbauen kann, ohne daß es zu sterischen Behinderungen kommt. Mit Quecksilber markierte Sonden sind daher prinzipiell sensitiver als andere nichtradioaktiv markierte Sonden.

(a)

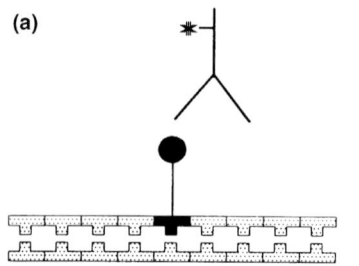

Antikörper gegen die Markierung trägt ein Signal

markierte Sonde hybridisiert mit Zielsequenz

b)

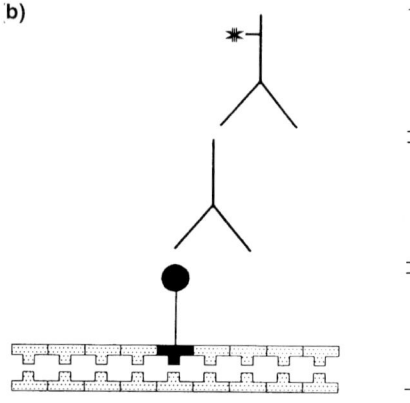

Sekundärer Antikörper mit Signal ist gegen die Spezies gerichtet, aus der der primäre Antikörper stammt.

primärer Antikörper gegen Markierung

markierte Sonde hybridisiert mit Zielsequenz

6.1 Immuncytochemischer Nachweis und signalgebende Systeme für nichtradioaktiv markierte Sonden. a) Einstufiges Nachweisverfahren. b) Zweistufiges Nachweisverfahren.

6.2.2 Biotin-(Strept-)Avidin

Avidin, ein Glykoprotein aus Hühnereiweiß, hat eine sehr hohe Affinität zu Biotin. Die Assoziationskonstante ($K_a = 10^{15}\ M^{-1}$) ist etwa 10^6mal größer als die von Antigen-Antikörper-Bindungen.

Der erste Schritt beim Nachweis von Biotin ist die Bindung von Avidin, das mit einem signalgebenden System gekoppelt ist (Abbildung 6.2a). Das Signal kann verstärkt werden, indem man biotinylierte Anti-Avidin-Antikörper (gegen Avidin gerichtete Antikörper, die mit Biotin verknüpft sind; Abbildung 6.2b) und anschließend eine weitere Schicht der signalgebenden Avidinkonjugate zugibt (Abbildung 6.2c). Da Avidin bis zu vier Biotinmoleküle binden kann, läßt sich das Signal so enorm verstärken.

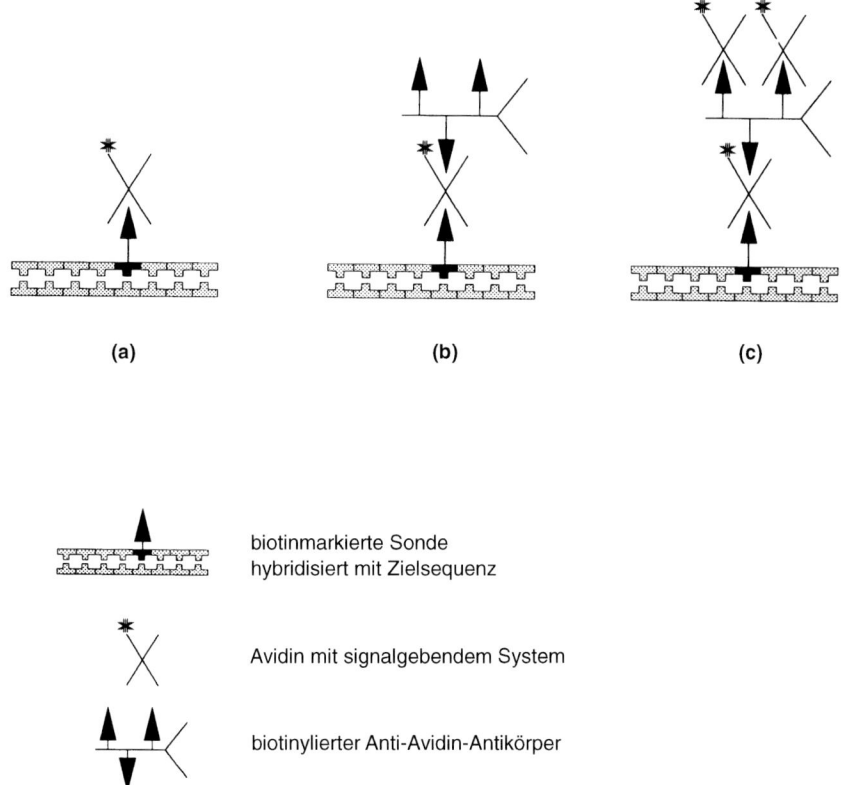

(a)   (b)   (c)

biotinmarkierte Sonde
hybridisiert mit Zielsequenz

Avidin mit signalgebendem System

biotinylierter Anti-Avidin-Antikörper

6.2 Nachweis biotinmarkierter Sonden mit dem Biotin-Avidin-System. a) Avidin, das mit einem signalgebenden System gekoppelt ist, bindet an die biotinmarkierte Sonde. b) Das Signal wird durch Zugabe biotinylierter Anti-Avidin-Antikörper amplifiziert und dann c) durch eine weitere Schicht Avidin, die an ein signalgebendes System gekoppelt ist, verstärkt.

Statt Avidin kann auch Streptavidin eingesetzt werden, das aus dem Bakterium *Streptococcus avidini* stammt. Dieses Streptavidin ist im Gegensatz zum tierischen Avidin bei neutralem pH ungeladen und enthält keine Kohlenhydratseitenketten. Durch Verwendung von Streptavidin lassen sich daher unspezifische Bindungen an geladene Moleküle (zum Beispiel Nucleinsäuren) sowie an Lektine vermeiden. Die Affinität von Streptavidin zu Biotin ist allerdings um einige Größenordnungen niedriger als die von Avidin, das außerdem stabiler ist.

6.3 Signalgebende Systeme

Signale, die an den für den Nachweis des Markermoleküls verwendeten Antikörper beziehungsweise an (Strept-)Avidin gekoppelt sind, weisen auf Stellen hin, an denen Sonden hybridisiert haben. Drei Gruppen von Signalen sind gebräuchlich: 1) Fluoreszenzfarbstoffe, 2) Enzyme und 3) Metalle (Abbildung 6.3); sie werden in Tabelle 6.2 miteinander verglichen. Da verschiedene signalgebende Systeme zur Verfügung stehen, kann man gleichzeitig mehrere unterschiedlich markierte Nucleinsäuresequenzen nachweisen (Abschnitt 6.4). Im Lichtmikroskop lassen sich Fluoreszenzfarbstoffe mit unterschiedlichen Spektraleigenschaften (Abbildung 2.1a und b) sowie verschiedene durch enzymatische Reaktionen erzeugte Farbstoffe voneinander unterscheiden. Elektronenmikroskopisch kann man Sonden anhand von Größenunterschieden kolloidaler Goldpartikel oder durch Kombination von kolloidalem Gold und enzymatischer Präzipitation elektronendichter Substanzen nachweisen (Abschnitt 6.4).

Die drei wichtigsten Gruppen signalgebender Systeme werden in den folgenden Abschnitten vorgestellt.

6.3.1 Fluoreszenzfarbstoffe

Fluoreszenzfarbstoffe lassen sich mikroskopisch sichtbar machen, indem man sie mit Licht der entsprechenden Wellenlänge anregt (Erregerlicht) und die ausgestrahlte Fluoreszenz (emittiertes Licht) mit geeigneten Lichtfiltern sichtbar macht (Abschnitt 7.2.4). Eine große Zahl verschiedener Fluoreszenzfarbstoffe läßt sich mit (Strept-)Avidin beziehungsweise mit Antikörpern koppeln. Die Fluoreszenzeigenschaften einiger häufig verwendeter Fluorochrome (zum Beispiel Fluoresceinisothiocyanat oder FITC, Rhodamin, Texas Red) sind in Tabelle 6.3 aufgelistet.

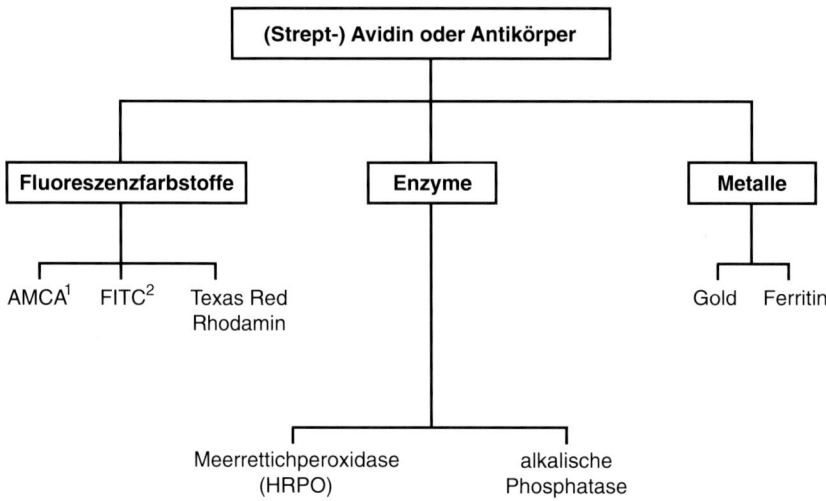

6.3 Signalgebende Systeme für nichtradioaktiv markierte Sonden. 1 = 7-Amino-4-methylcumarin-3-essigsäure. 2 = Fluoresceinisothiocyanat.

Tabelle 6.3: Fluoreszenzfarbstoffe

Fluoreszenzfarbstoffe	Anregungs-maximum (nm)	Emissions-maximum (nm)	Farbe der Fluoreszenz
(a) *signalgebende Systeme*			
Coumarin-AMCA[a]	350	450	blau
Fluorescein[a] FITC	495	515	grün
R-Phycoerythrin	525[b]	575	rot
Rhodamin[a]	550	575	rot
Rhodamin$_{600}$ TRITC	575	600	rot
Texas Red	595	615	rot
Ultralight$_{680}$	rot	680	dunkelrot
Cy$_5$	648	665	dunkelrot
(b) *DNA-Gegenfärbungen*			
Chromomycin A3	430	570	gelb
DAPI	355	450	blau
Hoechst 33258	356	465	blau
Propidiumiodid	340, 530	615	rot

[a] Direkt an Nucleotide gekoppelt (Amersham International).
[b] R-Phycoerythrin wird durch ein breites Spektrum von Wellenlängen angeregt (450–570 nm).

Für bestimmte Anwendungen werden Fluoreszenzfarbstoffe gegenüber enzymatischen Nachweisverfahren bevorzugt, da ihr räumliches Auflösungsvermögen besser ist (vergleiche beispielsweise Abbildung 2.1c und d), sich Fluoreszenzsignale durch Photonenzählung quantitativ auswerten lassen und mit ihnen eine größere Zahl von Sonden gleichzeitig nachweisbar ist (zum Beispiel Abbildung 2.1a und b, Nederlof et al., 1990; Abschnitt 6.4). Neue Fluoreszenzfarbstoffe, die auf Cyaninen basieren und infrarotes Licht aussenden, haben das Spektrum noch erweitert. Gegenwärtig werden Fluorochrome entwickelt, die durch Licht derselben Wellenlänge erregbar sind, aber Licht verschiedener Wellenlängen emittieren, so daß man leicht verschiedene Markierungen gleichzeitig unterscheiden kann.

6.3.2 Enzymatische Reportersysteme

Enzymatische Reportersysteme katalysieren die Präzipitation eines sichtbaren Produkts an der Hybridisierungsstelle. Viele in der Immunhistochemie gebräuchliche Enzyme können mit (Strept-)Avidin oder Antikörpern gekoppelt werden (Tabelle 6.4). Meist verwendet man Meerrettichperoxidase oder alkalische Phosphatase.

Die Wahl des Enzyms richtet sich nach dem untersuchten Gewebe. Manche Gewebe weisen endogene Enzymaktivitäten auf, die abgeblockt werden müssen, damit kein übermäßig starkes Hintergrundsignal und schwer interpretierbare Ergebnisse auftreten. Endogene Peroxidasen, die zum Beispiel in Erythrocyten, Neutrophilen und Makrophagen ein Problem darstellen, können mit Periodat und Borhydrid (Heyderman, 1979), Natriumnitroferrocyanid (Straus, 1971) oder Phenylhydrazin (Straus, 1972) gehemmt werden. In Plazenta und Eingeweiden sind endogene alkalische Phosphatasen vorhanden. In frischen Plazentaschnitten läßt sich das Enzym durch Inkubation mit Levamisol hemmen (Ponder und Wilkinson, 1981), aus Darmgewebe kann es mit 20prozentiger Essigsäure entfernt werden. Wenn die endogene Enzymaktivität zu stark ist, sollte man auf ein anderes signalgebendes System ausweichen, anstatt für die Inaktivierung des Enzyms allzu viel Mühe aufzuwenden.

Die wichtigsten Vorteile enzymatischer Nachweissysteme sind die Stabilität des Signals, die einfache Handhabung und die geringen Kosten für das notwendige Lichtmikroskop.

Tabelle 6.4: Enzyme für signalgebende Systeme

Enzym	Substrat	Farbe des Produktes
Meerrettichperoxidase	Diaminobenzidin (DAB)	braun
	AEC[a]	ziegelrot
alkalische Phosphatase	BCIP/NBT	blau
	Vector Red[b]	rot

[a] 3-Amino-9-Ethylcarbazol.
[b] Erhältlich von Vector Laboratories.

Meerrettichperoxidase. Meerrettichperoxidase (HRPO, *horseradish peroxidase*) ist gewöhnlich an einen sekundären Antikörper gebunden (zweistufiger Nachweis; Abbildung 6.1b). Als Substrat dient meist Diaminobenzidin (DAB, eine karzinogene Substanz). Bei der Reaktion entsteht ein braunes Präzipitat, das sich leicht lokalisieren läßt und gute Reflexionseigenschaften besitzt (Abschnitt 7.2.3). Das Signal kann durch Nachbehandlung mit Silbersalzen verstärkt werden (Abbildung 2.2; Abschnitt 8.6; Manuelidis und Ward, 1984). Das Reaktionsprodukt hat eine hohe Elektronendichte und eignet sich daher für elektronenmikroskopische Analysen (Abbildung 2.3).

Die braunen Präzipitate heben sich deutlich von den üblichen Chromosomenfärbungen ab. Außerdem sind sie gut von den blauen Präzipitaten zu unterscheiden, die in einer Reaktion der alkalischen Phosphatase entstehen, so daß man gleichzeitig mehrere Sonden nachweisen kann. Die verschiedenfarbigen Präzipitate kontrastieren allerdings nicht so stark wie unterschiedliche Fluoreszenzfarbstoffe (Abschnitt 7.2.2).

Die Nachweissensitivität läßt sich mit Hilfe des Peroxidase-Anti-Peroxidase-(PAP)-Systems noch steigern (Abbildung 6.4). PAP ist ein fertiger Antikörper-HRPO-Komplex, der durch Antigen-Antikörper-Wechselwirkungen zusammengehalten wird. Die Hybridisierungsstellen werden zunächst mit einem unmarkierten primären Antikörper gekennzeichnet, der gegen das Markermolekül der Sonde gerichtet ist. Anschließend gibt man einen sekundären Antikörper im Überschuß zu, so daß nur eine seiner Antigenbindungsstellen an den primären Antikörper bindet. Die freie zweite Bindungsstelle reagiert mit der Antikörperkomponente des PAP-Komplexes. Der primäre Antikörper und der Antikörper des PAP-Komplexes müssen aus der gleichen Spezies stammen.

Alkalische Phosphatase. Bei Nachweisreaktionen mit alkalischer Phosphatase läßt sich die höchste Sensitivität mit dem Substrat BCIP/NBT (5-Brom-4-Chlor-3-Indolylphosphat/Nitroblautetrazolium) erreichen, das zu einem blauen Präzipitat umgesetzt wird. Nachweissysteme mit alkalischer Phosphatase, bei denen sich mehrere verschiedenfarbige Präzipitate ausbilden können, sind von Vector Laboratories und Boehringer Mannheim erhältlich. Ein alkalische Phosphatase-Anti-alkalische Phosphatase-(APAAP)-Komplex ermöglicht entsprechend dem PAP-Komplex (Abbildung 6.4) eine Steigerung der Nachweisempfindlichkeit. Wenn Nachweissysteme mit alkalischer Phosphatase verwendet werden, dürfen die Präparate anschließend nicht mit dem Einschlußmittel DPX behandelt werden, da die Präzipitate dadurch körnig werden und ihre Farbe ändern können. Die Präparate sollten stattdessen nach rascher Entwässerung in einer Ethanolreihe (15–30 s in jeder Lösung) mit Euparol (BDH) eingeschlossen werden.

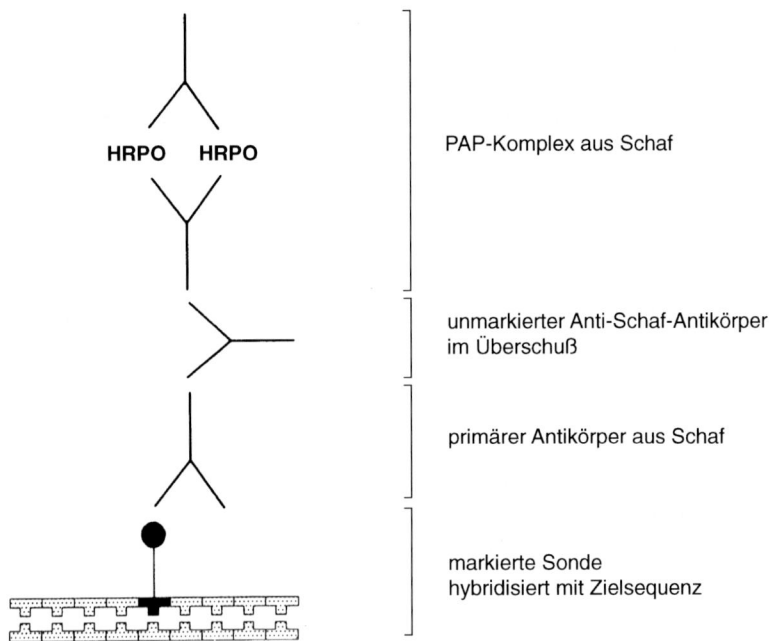

PAP-Komplex aus Schaf

unmarkierter Anti-Schaf-Antikörper im Überschuß

primärer Antikörper aus Schaf

markierte Sonde hybridisiert mit Zielsequenz

6.4 Nachweis nichtradioaktiv markierter Sonden mit dem PAP-Komplex. HPRO: Meerrettichperoxidase.

6.3.3 Metall-Reportersysteme für die Licht- und Elektronenmikroskopie

Für die *in situ*-Hybridisierung verwendet man in der Regel kolloidales Gold, das an (Strept-)Avidin und Antikörper gekoppelt ist. Kolloidale Goldpartikel sind sowohl im Licht- als auch im Elektronenmikroskop (Abbildung 2.4) sichtbar. Die Nachweisempfindlichkeit für diese Goldfärbung läßt sich bei der Lichtmikroskopie entweder chemisch durch Silberpräzipitation (Holgate et al., 1983) oder durch Darstellung im Reflexionskontrastmikroskop (Abschnitt 7.2.3) erhöhen.

Beim elektronenmikroskopischen Nachweis ist kolloidales Gold der enzymatischen Präzipitation elektronendichter Substanzen (zum Beispiel HRPO/DAB) aus verschiedenen Gründen überlegen. Kolloidale Goldpartikel sind in einer Reihe definierter Durchmesser (zum Beispiel 1, 5, 10, 15 und 20 nm) erhältlich, mit deren Hilfe sich mehrere Sequenzen gleichzeitig nachweisen lassen (McFadden et al., 1990). Da die Größe der Partikel genau bekannt ist, läßt sich das Signal in gewissen Grenzen auch quantitativ auswerten und bietet eine sehr hohe Auflösung (Abschnitt 7.4). Die Empfindlichkeit dieses Systems ist jedoch niedriger als bei anderen Methoden (zum Beispiel HRPO/DAB), so daß die Lokalisierung von Einzelkopiegenen oder verstreuten Sequenzen Schwierigkeiten bereiten kann.

Es gibt noch andere Metall-Reportersysteme. Diese werden aber kaum eingesetzt, vermutlich weil die Partikelgrößen nicht so genau definiert sind wie bei kolloidalem Gold.

6.4 Mehrfachnachweise

Strategien für Mehrfachmarkierungen sind ausgesprochen nützlich, um die Verwandtschaft von Sequenzen zu ermitteln, um gleichzeitig auf mehreren Chromosomen neue genetische Marker nachzuweisen und um parallel mehrere Sonden zu lokalisieren. Bei solchen Experimenten verwendet man mehrere Sonden, in die jeweils verschiedene Markermoleküle eingebaut sind.

Am leichtesten läßt sich ein Mehrfachnachweis durchführen, indem man die Sonden direkt mit Nucleotiden markiert (Abbildung 2.1b), an die jeweils verschiedene Fluoreszenzfarbstoffe gekoppelt sind (Amersham International; zum Beispiel Markierung der einen Sonde mit Rhodamin, der anderen mit Fluorescein). Dieses Verfahren ist besonders einfach, da man die Sonden unmittelbar nach der Hybridisierung anhand ihrer Fluoreszenzfarbe identifizieren kann.

Für Mehrfachnachweise kann man die Sonden auch mit Biotin, Digoxigenin oder Quecksilber markieren und anschließend mit entsprechenden Nachweissystemen sichtbar machen.

Bei einer parallelen *in situ*-Hybridisierung gibt man die unterschiedlich markierten Sonden in der vorschriftsmäßigen Konzentration zusammen in die Hybridisierungslösung. Denaturierung, Hybridisierung und Waschschritte werden wie beschrieben durchgeführt (RNA: Abschnitte 8.1.2 bis 8.1.4; DNA:Abschnitte 8.2.2 bis 8.2.4). Wenn man gleichzeitig mit mehreren Markierungen arbeitet, etwa einer biotinylierten und einer mit Digoxigenin markierten Sonde, benötigt man auch zwei unterschiedliche Nachweisverfahren. Für die Markierung eignen sich am besten Fluoreszenzfarbstoffe. Bei deren Wahl sollte man darauf achten, daß sich die Wellenlängen für Anregung und Emission (Tabelle 6.3) möglichst nicht überlappen, da sich die Signale sonst nur schlecht unterscheiden lassen.

Um gleichzeitig eine biotinmarkierte Sonde mit Texas Red (rote Fluoreszenz) und eine digoxigeninmarkierte Sequenz mit Fluorescein (grüne Fluoreszenz; Abbildung 2.1a) sichtbar zu machen, richtet man sich nach dem Protokoll in Abschnitt 8.4 mit den folgenden Modifikationen:

1. Nachweis: In Schritt c mischt man das Texas-Red-Avidin-Konjugat (5 μg ml^{-1}) mit Fluorescein-Anti-Digoxigenin-Konjugat (5 μg ml^{-1}) in der BSA-Lösung.
2. Signalverstärkung: Bei Schritt f mischt man den biotinylierten Anti-Avidin-Antikörper (5 μg ml^{-1}) mit FITC-gekoppeltem Anti-Schaf-Antikörper (25 μg ml^{-1}) in normalem Ziegenserum.
3. Für die Gegenfärbung (Abschnitt 8.8.1) sollte man kein Propidiumiodid verwenden, da dessen Spektraleigenschaften mit denen von Texas Red überlappen.

Seit kurzem gibt es sehr elegante Methoden für Mehrfachnachweise mit verschiedenen Fluoreszenzfarbstoffen. Indem man Fluorochrome mit komplementären Anregungs- und Emissionsspektren wählt und einige Sonden mit mehr als einem Fluoreszenzfarbstoff markiert, lassen sich bis zu 20 verschiedene YAC-Klone gleichzeitig auf demselben menschlichen Chromosom nachweisen, so daß ein „Chromosomenstrichcode" entsteht (Lengauer et al., 1993). Um solch eine große Zahl von Sequenzen nachweisen zu können, muß man die Sonden kombinatorisch markieren (das heißt, in jede Sonde werden mehrere Markermoleküle in unterschiedlichen Verhältnissen eingebaut). Außerdem erfordert die Auswertung ein Auflicht-Fluoreszenzmikroskop mit einer Digitalkamera und entsprechenden Computerprogrammen. Diese Programme ordnen dem Signal abhängig von seiner absoluten Fluoreszenz oder gemäß dem Anteil der verschiedenen Fluoreszenzfarbstoffe eine Farbe zu.

Mehrfachnachweise sind auch bei elektronenmikroskopischen Präparaten möglich (McFadden et al., 1990). Dabei benutzt man beispielsweise für biotinmarkierte Sonden 5 nm große Goldpartikel, die an Streptavidin gekoppelt sind (zum Beispiel von Amersham International oder Biocell), zusammen mit 15 nm großen Goldpartikeln, die für den Nachweis digoxigeninmarkierter Sonden an Anti-Schaf-Antikörper gekoppelt sind.

Anstelle eines parallelen Nachweises verschiedener Sonden kann man die Präparate auch mehrmals nacheinander hybridisieren (Heslop-Harrison et al., 1992). Nach der ersten Hybridisierung mit einer fluoreszenzmarkierten Sonde photographiert man das Präparat. Anschließend wäscht man die Sonde ab, versetzt das Präparat mit einer neuen Sonde und schließt eine weitere Runde mit Denaturierung, Hybridisierung und Nachweis an. Die Hybridisierungsstellen beider Sonden können auf Photos miteinander verglichen oder mit Hilfe von digitaler Bildverarbeitung analysiert werden (Abschnitt 7.2.6).

6.5 Literatur

Baker JRJ. (1989) Autoradiography: a comprehensive overview. *RMS Microscopy Handbook* Vol. 18. Oxford University Press, New York.

Heslop-Harrison JS, Harrison GE, Leitch IJ. (1992) Reprobing of DNA: DNA *in situ* hybridization preparations. *Trends Genet.* 8, 372–373.

Heyderman E. (1979) Immunoperoxidase technique in histopathology: applications, methods and controls. *J. Clin. Pathol.* 32, 971–978.

Holgate CS, Jackson P, Cowen PN, Bird CC. (1983) Immunogold silver staining: a new method of immunostaining with enhanced sensivitiy. *J. Histochem. Cytochem.* 31, 938–944.

Hopman AHN, Wiegant J, van Duijn P. (1987) Mercurated nucleic acid probes, a new principle for non-radioactive *in situ* hybridization. *Exp. Cell Res.* 169, 357–368.

Lengauer C, Speicher MR, Popp S, Jauch A, Taniwaki M, Nagaraja R, Riethman HC, Donis-Keller H, D'Urso M, Schlessinger D, Cremer T. (1993) Chromosomal bar codes produced by multicolor fluorescence *in situ* hybridization with multiple YAC clones and whole chromosome painting probes. *Hum. Molec. Genet.* 2, 505–512.

McFadden G, Bönig I, Clarke A. (1990) Double label *in situ* hybridization for electron microscopy. *Trans. Roy. Microscop. Soc.* 1, 683–688.

McNeil JA, Johnson CV, Carter KC, Singer RH, Lawrence JB. (1991) Localizing DNA and RNA within nuclei and chromosomes by fluorescence *in situ* hybridization. *Genet. Anal. Techniq. Applic.* 8, 41–58.

Manuelidis L, Ward DC. (1984) Chromosomal and nuclear distribution of the HindIII 1.9 kb human DNA repeat segment. *Chromosoma* 91, 28–38.

Nederlof PM, van der Flier S, Wiegant J, Raap AK, Tanke HJ, Ploem HJ, van der Ploeg M. (1990) Multiple fluorescence *in situ* hybridization. *Cytometry* 11, 126–131.

Polak JM, van Noorden S. (1987) An introduction to immunocytochemistry: current techniques and problems. *RMS Microscopy Handbook* Bd. 11. Oxford University Press, New York.

Ponder BA, Wilkinson MM. (1981) Inhibition of endogenous tissue alkaline phosphatase with the use of alkaline phosphatase conjugates in immuno-histochemistry. *J. Histochem. Cytochem.* 29, 981–984.

Singer RH, Lawrence JB, Villnave C. (1986) Optimization of *in situ* hybridization using isotopic and non-isotopic detection methods. *Bio-Techniques* 4, 230–250.

Straus W. (1971) Inhibition of peroxidase by methanol and by methanol-nitroferricyanide for use in immunoperoxidase procedures. *J. Histochem. Cytochem.* 19, 682–688.

Straus W. (1972) Phenylhydrazine as inhibitor of horseradish peroxidase for use in immunoperoxidase procedures. *J. Histochem. Cytochem.* 20, 949–951.

Trask BJ. (1991) Fluorescence *in situ* hybridization: applications in cytogenetics and gene mapping. *Trends Genet.* 7, 149–154.

7.

Bildgebende Verfahren und Auswertung des Signals

7.1 Auswahl des Verfahrens

Das Verfahren zur bildlichen Darstellung des *in situ*-Hybridisierungssignals sollte größtmögliche Sensitivität und räumliche Auflösung gewährleisten.

Viele Schwachstellen der *in situ*-Hybridisierung lassen sich nicht nur durch Verbesserungen der experimentellen Methodik, sondern auch durch eine sorgfältige Wahl der mikroskopischen Technik überwinden. Schwache Signale kann man beispielsweise ebenso mit Hilfe sensitiver bildgebender Verfahren ausgleichen (zum Beispiel mit Schwachlichtkameras; Abschnitt 7.2.6) wie durch eine experimentelle Verstärkung des Signals. Den Kontrast kann man sowohl durch den Einsatz eines anderen mikroskopischen Verfahrens als auch durch geeignete Lichtfilter erhöhen. Computergestützte statistische Bildanalyseverfahren bereinigen beispielsweise eine geringe Signalauflösung oder einen starken Hintergrund.

Bereits bei der Planung eines Experiments muß man entscheiden, ob die Auswertung licht- oder elektronenmikroskopisch erfolgen soll. Wenn Feinstrukturen analysiert werden sollen, die wegen ihrer geringen Größe nicht im Lichtmikroskop sichtbar sind (zum Beispiel einzelne Interphasechromosomen oder Strukturen des Nucleolus), oder wenn eine sehr hohe Auflösung des Signals gewünscht wird, bietet sich das Elektronenmikroskop an. Auch bei einer DNA:DNA-*in situ*-Hybridisierung mit Chromosomen und Zellkernen sowie bei der subzellulären Lokalisierung von mRNAs stößt man oft an die Auflösungsgrenze des Lichtmikroskops. Immer häufiger werden solche Analysen daher elektronenmikroskopisch durchgeführt, um die Signale besser auflösen zu können.

Welches lichtmikroskopische Verfahren für die jeweilige Fragestellung geeignet ist, hängt von verschiedenen Parametern ab; in der Regel ist jedoch das signalgebende System entscheidend. So eignet sich zum Nachweis von Fluoreszenzfarbstoffen nur ein Auflicht-Fluoreszenzmikroskop.

7.2 Lichtmikroskopie

7.2.1 Vor der *in situ*-Hybridisierung

Die Lichtmikroskopie erfüllt bereits vor der eigentlichen Hybridisierung die wichtige Aufgabe, die Qualität der Präparate zu überprüfen.

Chromosomenpräparationen. Chromosomenpräparationen sollte man grundsätzlich kontrollieren, bevor man sie für eine *in situ*-Hybridisierung verwendet; mit mißlungenen Präparationen lassen sich keine brauchbaren Ergebnisse erzielen! Die ungefärbten Chromosomen trockener oder xylenbehandelter Präparate sind im Phasenkontrastmikroskop gut zu erkennen. Man sollte die Position guter Metaphasekerne (ohne darunterliegende Cytoplasmareste) notieren, um zu prüfen, ob sie im Laufe des Experiments selektiv verloren gehen.

Wenn die Zellkerne sehr klein sind (zum Beispiel bei *Arabidopsis* oder bei *Caenorhabditis*), kann man die Präparate vor der *in situ*-Hybridisierung mit dem DNA-bindenden Fluoreszenzfarbstoff 4′,6-Diamidino-2-phenylindol (DAPI) anfärben (Abschnitt 8.8.1) und die Metaphasekerne auszählen. DAPI wird im Laufe des *in situ*-Verfahrens wieder entfernt und stört die Hybridisierung der Sonde nicht merklich.

Gewebeschnitte. Um festzustellen, ob die Präparate ausreichend fixiert und eingebettet sind, sollte man Gewebeschnitte vor der *in situ*-Hybridisierung anfärben und im Durchlichtmikroskop begutachten (Abschnitt 8.7.2). Vor RNA-*in situ*-Nachweisen kann man durch Färbung mit Acridinorange prüfen, ob die RNA im Gewebe zurückgehalten wurde (die Färbung mit Acridinorange beschreibt Darzynkiewicz, 1990).

7.2.2 Abbildung des *in situ*-Hybridisierungssignals im Durchlichtmikroskop

Nachweis radioaktiver Markierungen. Die Durchlichtmikroskopie ist die Methode der Wahl, um *in situ*-Hybridisierungsstellen in Autoradiogrammen sichtbar zu machen (Abschnitt 6.1). Die Strukturen des Präparats können durch Färbetechniken (einschließlich cytologischer Methoden zur Chromosomenbänderung) oder durch Phasenkontrast sichtbar gemacht wird. Man sollte die Färbung im Anschluß an die Autoradiographie durchführen, da einige Farbstoffe unter bestimmten Bedingungen Photonen emittieren oder durch Entwickler- oder Fixierlösungen ausgewaschen werden.

Filter verstärken den Kontrast zwischen Silberkörnern und Hintergrund. Die Silberkörner betrachtet man am besten durch ein rotes Filter; um die Strukturen des Präparates sichtbar zu machen, empfehlen sich Filter in den Komplementärfarben der verwendeten Farbstoffe (zum Beispiel Grünfilter für rot gefärbte Präparate).

Im Dunkelfeldmikroskop erscheinen die Silberkörner als helle Punkte auf schwarzem Hintergrund. Dieses Verfahren bietet sich vor allem an, um größere Aggregate von Silberkörnern zu untersuchen und die Stärke der Hintergrundmarkierung zu bestimmen (Abbildung 2.7d und f).

Nachweis der Signale von enzymatischen Reportersystemen. Die farbigen Präzipitate, die von enzymatischen Reportersystemen gebildet werden (Abschnitt 6.3.2), sind in der Regel im Durchlichtmikroskop gut sichtbar. Ebenso wie bei cytologischen Färbungen verstärken Filter in den Komplementärfarben der Präzipitate beziehungsweise der Gegenfärbungen den Kontrast. Viele farbige Präzipitate absorbieren Licht verschiedener Wellenlängen und sind anders als Fluoreszenzfarbstoffe farblich nicht einheitlich. Die Farben von Diaminobenzidin-(DAB)-Präzipitaten reichen beispielsweise von braunschwarz bis zu einem blassen strohgelb. Aus diesem Grund ist es gelegentlich schwierig, zwei oder mehrere enzymatische Reaktionsprodukte zu unterscheiden.

Sämtliche Gegenfärbungen (zum Beispiel Giemsa bei Chromosomenuntersuchungen oder Eosin und Hämatoxylin bei Paraffinschnitten) sollten maßvoll angewendet werden, damit sie die Signale der in situ-Hybridisierung nicht überdecken.

7.2.3 Auflichtmikroskopie

Bei diesem mikroskopischen Verfahren wird der Objektträger von oben mit weißem Licht beleuchtet (Auflicht), und ein besonderes Reflexionskontrastobjektiv fokussiert polarisiertes Licht auf das Präparat. Wenn Signal, Präparat und Hintergrundlicht unterschiedlich reflektieren, entsteht ein kontrastreiches Bild. Biologische Präparate erscheinen dunkel oder fast schwarz, während kolloidale Goldpartikel und die enzymatischen Reaktionsprodukte von DAB und BCIP/NBT stark reflektieren, so daß die Hybridisierungsstellen besonders hell hervortreten (Abbildung 2.7b). Dieses Verfahren erzeugt kontrastreichere Bilder als die Durchlichtmikroskopie und ist sehr empfindlich, so daß auch schwache *in situ*-Hybridisierungssignale sichtbar sind (Landegent et al., 1985).

7.2.4 Auflicht-Fluoreszenzmikroskopie

Das Prinzip der Fluoreszenzmikroskopie beruht darauf, daß ein Photon einer bestimmten Wellenlänge (Anregungslicht) ein Elektron im Fluoreszenzfarbstoff anregt, so daß es in eine äußere Elektronenhülle springt. Dieser angeregte Zustand ist instabil, und das Elektron kehrt bald in seinen (stabilen) Grundzustand zurück, wobei die verloren gegangene Energie in Form von Licht (Fluoreszenz) abgestrahlt wird. Gemäß dem Stokeschen Gesetz hat das emittierte Licht immer eine längere Wellenlänge als das Anregungslicht (Tabelle 6.3).

Als Lichtquelle dient im Fluoreszenzmikroskop meist eine Höchstdruck-Quecksilberdampflampe (50 oder 100 W), die ultraviolettes, sichtbares und infrarotes Licht aussendet. Durch Anregungsfilter im Mikroskop (Abbildung 7.1) wird die geeignete Wellenlänge für den jeweiligen Fluoreszenzfarbstoff (Tabelle 6.3) eingestellt. Das Licht der gewählten Wellenlänge fokussiert man durch das Objektiv auf das Präparat. Zur Anregung können entweder Schmalbandfilter verwendet werden, die Licht innerhalb eines schmalen, definierten Ausschnittes des Spektrums durchlassen, oder Kurzwellenfilter (Kantenfilter), die nur Licht unterhalb einer bestimmten Wellenlänge durchlassen. Das emittierte Licht fällt durch einen Langwellensperrfilter, der nur für Licht oberhalb einer bestimmten Grenze durchlässig ist. Damit das Mikroskop funktionieren kann, muß ein weiterer Filter zwischen dem Anregungs- und dem Sperrfilter vorhanden sein. Dieser sogenannte dichromatische Teilerspiegel ist in einem Winkel von 45° zwischen Anregungsfilter und Objekt angebracht und reflektiert kurzwelliges, anregendes Licht zurück auf das Präparat. Dessen längerwelliges Fluoreszenzlicht passiert den Teilerspiegel dagegen nahezu vollständig und trifft auf den Sperrfilter. Der dichromatische Teilerspiegel erfüllt eine wichtige Funktion, da er die Anordnung von Anregungsfilter und Sperrfilter in verschiedenen Strahlengängen über dem Präparat erlaubt.

Fluoreszenzfarbstoffe verblassen im Auflicht-Fluoreszenzmikroskop trotz der Anwendung von Antibleichmitteln (Abschnitt 8.8.2) recht schnell. Energiereiches kurzwelliges Anregungslicht beschleunigt dieses Ausbleichen. Wenn man mit zwei Fluoreszenzfarbstoffen arbeitet, ist es daher wichtig, zuerst den Farbstoff sichtbar zu machen, der mit längerwelligem Licht angeregt wird (zum Beispiel Texas Red vor DAPI).

Tabelle 7.1: Filter für die Darstellung von Fluoreszenzfarbstoffen im Auflicht-Fluoreszenzmikroskop

Fluoreszenz-farbstoff	Farbe des Anregungslichtes	Anregungsfilter	dichromatischer Teilerspiegel	Sperrfilter	Farbe der Fluoreszenz
DAPI	ultraviolett	G365 oder BP340–380	CBS420	LP420	blau
FITC	blau/violett	BP450–490	CBS510	LP520	grün
Texas Red	grün	BP536–556 oder BP515–560	CBS580	LP590	rot
Propidiumiodid	grün	BP536–556 oder BP515–560	CBS580	LP590	rot

BP: Schmalbandfilter; durchlässig für Wellenlängen in den angegebenen Grenzen.

CBS: dichromatischer Teilerspiegel; reflektiert kurzwel iges Licht unterhalb der angegebenen Grenze, durchlässig für längerwelliges Licht.

G: Glasfilter; ähnlich wie Schmalbandfilter nur für einen bestimmten Bereich von Wellenlängen durchlässig, filtert jedoch nicht so wirkungsvoll. Wellenlängen im Bereich des angegebenen Wertes werden durchgelassen.

LP: Langwellen-Sperrfilter; durchlässig für Licht längerer Wellenlänge als der angegebene Grenzwert.

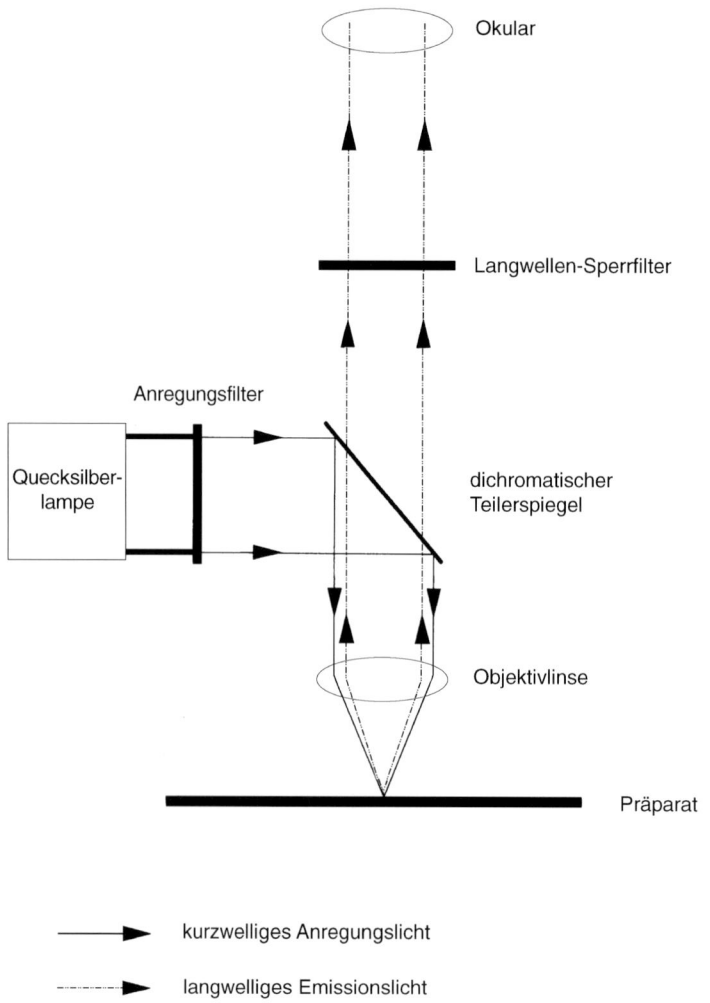

Okular

Langwellen-Sperrfilter

Anregungsfilter

Quecksilber-
lampe

dichromatischer
Teilerspiegel

Objektivlinse

Präparat

kurzwelliges Anregungslicht

langwelliges Emissionslicht

7.1 Fluoreszenzmikroskop.

Wenn darüber hinaus die Intensität des Fluoreszenzlichtes gering ist, sind UV-durchlässige Hochleistungsobjektive erforderlich (das heißt Objektive mit hoher numerischer Apertur und guter sphärischer und chromatischer Fehlerkorrektur), die UV-Licht durchlassen. Aufnahmetechniken für fluoreszenzmikroskopische Bilder werden in Abschnitt 7.2.6 beschrieben.

Eine wichtige Weiterentwicklung in der Auflicht-Fluoreszenzmikroskopie war die Einführung von Hochleistungsinterferenzfiltern, deren Filterwirkung auf Lichtinterferenz statt Absorption beruht. Interferenzfilter bestehen aus einem Glas- oder Quarzträger, auf den Schichten eines Dielektrikums oder eines Metalls aufgedampft sind. Die Durchlässigkeit und die Reflexionseigenschaften dieses Filters hängen von Anzahl, Dicke, Beschaffenheit und Reihenfolge der aufgedampften Schichten ab. Interferenzfilter können so hergestellt werden, daß sie sehr spezifisch für Licht bestimmter Wellenlänge durchlässig oder undurchlässig sind.

Ein weiterer bedeutender Fortschritt war die Entwicklung von Zwei- und Dreifachfilterblöcken, mit deren Hilfe man gleichzeitig zwei beziehungsweise drei Fluoreszenzfarbstoffe sichtbar machen kann (zum Beispiel Johnson et al., 1991). Diese Filter sind vor allem für die Lokalisierung nah beieinanderliegender Sonden hilfreich (zum Beispiel bei Chromosomenkartierungen), da beim Auswechseln einzelner Filterblöcke wertvolle räumliche Informationen verloren gehen können.

7.2.5 Konfokale Rasterlasermikroskopie

Die konventionelle Auflicht-Fluoreszenzmikroskopie wird oft durch verschwommene Bildbereiche beeinträchtigt, die durch unscharfe Abbildungen von Strukturen, die sich nicht in der Brennebene befinden, entstehen. Dieses Phänomen ist vor allem bei der Untersuchung von intakten Zellen oder Zellschichten von Bedeutung. Das konfokale Rasterlasermikroskop blendet solche unscharfen Informationen aus und ermöglicht nichtinvasive optische Schnitte durch das Präparat. Anhand kompletter optischer Schnittserien kann man die dreidimensionale Verteilung des *in situ*-Hybridisierungssignals im Präparat untersuchen (zum Beispiel Abbildung 3.1; Rawlins und Shaw, 1990).

Das konfokale Rasterlasermikroskop (Abbildung 7.2) tastet das Präparat mit einem Laserlichtpunkt ab, der durch ein gewöhnliches Auflicht-Fluoreszenzmikroskop auf das Präparat fokussiert wird. Licht einer geeigneten Wellenlänge regt die verwendeten Fluoreszenzfarbstoffe (gewöhnlich Rhodamin, Texas Red oder FITC) an. Das vom Präparat emittierte Licht trifft auf die konfokale Lochblende, die brennpunktgleich (konfokal) mit der Fokusebene angeordnet ist, so daß nur Lichtstrahlen aus der Schärfeebene durchgelassen werden. Streulicht, das nicht aus der Fokusebene kommt, gelangt dagegen nicht durch die Blende. Der hinter der fokalen Lochblende liegende Photomultiplier gibt das Bild Punkt für Punkt auf einem hochauflösenden Bildschirm wieder.

Die konfokale Rasterlasermikroskopie wird mittlerweile in mehreren Arbeitsgruppen routinemäßig eingesetzt, um räumliche Bilder zu erzeugen und zweidimensionale Präparate wie Chromosomenspreitungen abzubilden. Das Verfahren bietet einige Vorteile:

1. Da man die Fluoreszenzfarbstoffe nur kurze Zeit (meist etwa 2 s) anregen muß, damit das konfokale Bild entsteht, ist die Gefahr des Ausbleichens wesentlich geringer als bei konventionellen Fluoreszenzmikroskopen.
2. Die digitalen Bilder, die das konfokale Mikroskop aufnimmt, lassen sich speichern und die Ergebnisse verschiedener Experimente auf dem Bildschirm miteinander vergleichen.

Bei Sequenzkartierungen kann man mit dieser Technik die Hybridisierungsstellen genau dem chromosomalen Lokus zuordnen. Auch für den Nachweis verschiedener Fluoreszenzfarbstoffe auf demselben Chromosom ist das Verfahren nützlich. Das Auflösungsvermögen des konfokalen Rasterlasermikroskops ist allerdings wie bei allen Lichtmikroskopen physikalisch

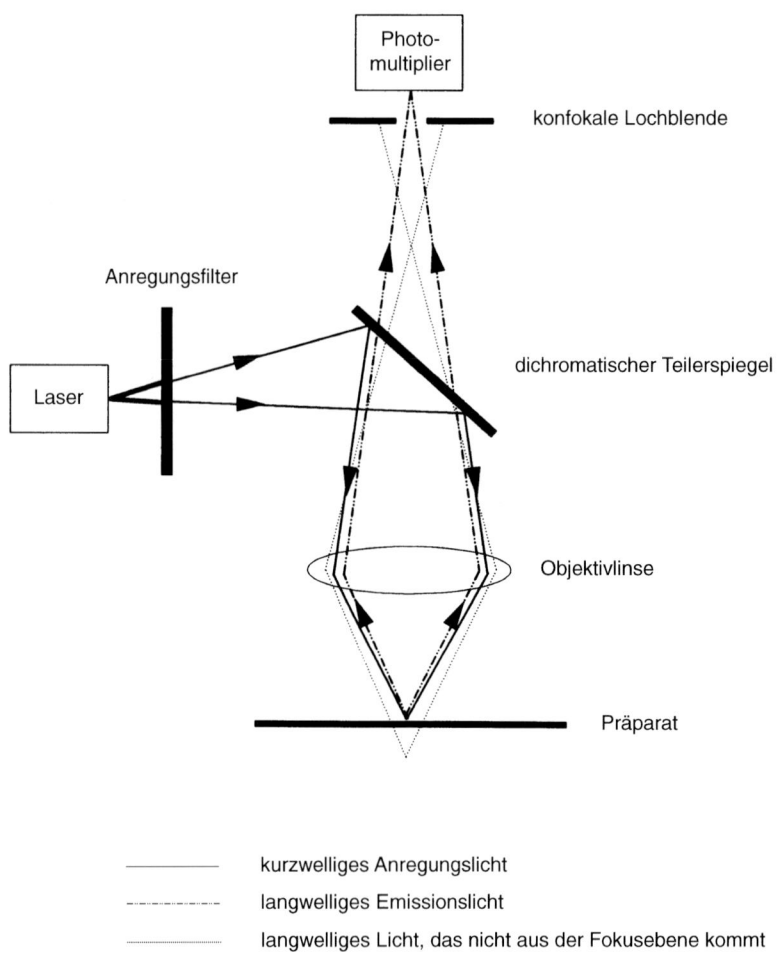

7.2 Konfokales Rasterlasermikroskop.

begrenzt, so daß für hochauflösende Untersuchungen ein Elektronenmikroskop benötigt wird (Abschnitt 7.3). Außerdem enthält das Bild auf einem hochauflösenden Bildschirm nicht so viele Informationen, wie in einer feinkörnigen Photoemulsion festgehalten werden können. Nach unseren Erfahrungen dauert es viel länger, Daten mit einem konfokalen Mikroskop zu speichern, als herkömmliche Photographien aufzunehmen.

7.2.6 Aufnahme von lichtmikroskopischen Bildern

Photokamerasysteme. Die Aufnahme von Fluoreszenzpräparaten kann schwierig sein, da Fluorochrome bei langer Belichtung verblassen. Abhängig von der Filmempfindlichkeit sind Belichtungszeiten zwischen 10 Sekunden und 2 Minuten notwendig. Die Belichtungsmesser mancher Kamerasysteme sind außerdem für automatische Langzeitbelichtungen nicht empfindlich genug. Dieses Problem hängt mit dem nahezu monochromatischen Licht der Fluoreszenzfarbstoffe zusammen, das Belichtungsmesser und Filme abhängig von ihrer Sensitivität bei verschiedenen Wellenlängen unterschiedlich beeinflußt. Konventionelle Kamerasysteme bieten jedoch auch eine Reihe wesentlicher Vorteile: Man kann den Kontrast zwischen Signal und Gegenfärbung durch die Wahl eines geeigneten Films erhöhen, das Signal durch lange Belichtungszeiten verstärken und auf dem Film außerordentlich viele Informationen festhalten.

Neu entwickelte Farbnegativfilme sind besonders sensitiv und geeignet, Farbbilder mit hohem Kontrast und guter Auflösung zu erzeugen. Ausschnittsvergrößerungen sowie Dias lassen sich problemlos von den Farbnegativen beziehungsweise den Papierabzügen herstellen. Nahezu alle Verlage akzeptieren mittlerweile Farbdrucke oder Farbnegative. Der Film sollte eine möglichst geringe Empfindlichkeit aufweisen (niedrige DIN-/ASA-Zahl), da feinkörnige Filme eine bessere Auflösung zeigen. Für Photos von Fluoreszenzpräparaten muß man allerdings mit empfindlicheren Filmen arbeiten, um überlange Belichtungszeiten zu vermeiden: Wir verwenden dafür routinemäßig die Filme Kodak Ektar 1000 oder Fujicolor 400. Bei der Durchlichtmikroskopie (zum Beispiel, um bei enzymatischen Nachweisverfahren farbige Präzipitate aufzunehmen) erhält man mit Fujicolor 100 oder Kodak Ektar 125 kontrastreiche Aufnahmen mit guter Auflösung. Agfa 1000 RS ist ein Diafilm, der sich gut dazu eignet, Signale von *in situ*-Hybridisierungen zu dokumentieren.

Häufig muß man mit Farbfilmen arbeiten, da der Kontrast zwischen dem Signal der *in situ*-Hybridisierung und dem Hintergrund für Schwarzweißphotos zu gering ist. Von Schwarzweißaufnahmen kann man jedoch nach Belieben Ausschnitte vergrößern sowie leicht und billig Abzüge herstellen und veröffentlichen. Hochempfindliche Schwarzweißfilme sind oft sehr grobkörnig. Kodak hat Filme mit scheibenförmigen Silberkristallen entwickelt (T-max), deren Auflösungsvermögen bei gegebener Empfindlichkeit erheblich höher ist. T-max 400 eignet sich besonders für Aufnahmen von Fluoreszenzbildern. Da für die Durchlichtmikroskopie die Filmempfindlichkeit keine Rolle spielt, kann man hier mit feinstkörnigen Filmen, wie Agfa Ortho 25, Abzüge mit sehr hohem Kontrast erstellen und Kodak Technikal Pan für Abzüge mit geringerem Kontrast verwenden.

Digitale Bildaufzeichnung. Elektronische Aufnahmeverfahren mit Video- oder Schwachlichtkameras erlauben eine digitale Verarbeitung des Bildes: Man kann optische Schnitte durch das Präparat legen und Informationen, die nicht aus der Fokusebene stammen, mit komplexen Algorithmen ausblenden. Kontrast und Helligkeit sind schnell und einfach zu verändern; Falschfarben helfen, den Kontrast zu erhöhen. Verschiedene Bilder können auf dem Bildschirm übereinandergelegt und verglichen werden. Durch Ermittlung der relativen Größe der *in situ*-Hybridisierungssignale kann man diese in gewissem Umfang sogar quantitativ auswerten (Abschnitt 7.4).

Ein bedeutendes Einsatzgebiet der digitalen Bildverarbeitung ist die farbliche Darstellung von Chromosomen bei Mehrfachnachweisen mit kombinatorisch fluoreszenzmarkierten Sonden (Abschnitt 6.4). Digitale Bildverarbeitung wird auch benutzt, um offensichtliche Artefakte zu beseitigen oder die bildliche Darstellung der Daten zu verbessern. Dabei ist jedoch große Sorgfalt angebracht, damit das Ergebnis des Experiments nicht verfälscht wird, indem man auf elektronischem Wege Daten entfernt oder einarbeitet. Elektronisch gespeicherte Aufnahmen haben im Vergleich zu Photographien immer eine geringere Auflösung.

Das zur Zeit empfindlichste Aufnahmesystem ist eine Kamera mit gekühltem ladungsgekoppeltem Bildsensor (CCD, *charge-coupled device*). Mit CCD-Kameras kann man *in situ*-Hybridisierungssignale aufnehmen, die mit bloßem Auge kaum mehr sichtbar sind, da die Kamera emittierte Photonen über einen weiten Bereich des Spektrums mit hoher Effizienz registriert. Nachdem man das Untersuchungsmaterial lokalisiert und scharf eingestellt hat, registriert die CCD-Kamera mehrere Sekunden lang das Bild, speichert es und präsentiert es auf dem Bildschirm.

Die Arbeit mit CCD-Kameras erfordert viel Zeit, um jedes Bildfeld abzusuchen und aufzunehmen, vor allem, wenn das Signal nur sehr schwach und kaum zu sehen ist. Vorteilhaft ist, daß das *in situ*-Hybridisierungssignal nicht stark amplifiziert werden muß. Diese Technik erlaubt es in Zukunft sicher, Bilder mit höherer Empfindlichkeit und größerem Auflösungsvermögen aufzunehmen.

7.3 Transmissionselektronenmikroskopie (TEM)

In situ-Hybridisierungssignale kann man ohne größeren Aufwand direkt elektronenmikroskopisch sichtbar machen. In der Regel genügt eine niedrige oder mittlere Auflösung den experimentellen Erfordernissen, und nur selten ist mehr als eine 20 000-fache Vergrößerung nötig.

Eingebettete Gewebeblöcke können vor der *in situ*-Hybridisierung nicht mit Osmium oder Uranylacetat gefärbt werden, da diese Substanzen bei der *in situ*-Hybridisierung stören. Infolgedessen ist der Kontrast der Präparate oft gering. Die Aufnahmen werden kontrastreicher, wenn man mit relativ geringer Beschleunigungsspannung (zum Beispiel 40 bis 60 Kilovolt) arbeitet. Da geringe Beschleunigungsspannungen jedoch Präparate und Trägermaterialien schädigen können, ist Vorsicht geboten. Nach der *in situ*-Hybridisierung kann man mit Uranylacetat und/oder Bleicitrat den Kontrast steigern (Abschnitt 8.9). Dabei ist zu beachten, daß diese Färbung nicht das *in situ*-Signal überdeckt.

7.4 Quantitative Auswertung der Signale

Im Idealfall sind nicht nur die exakte Position, sondern auch die Anzahl der *in situ*-Hybridisierungssignale bekannt. Durch Fortschritte bei der Nachweissensitivität wird die Technik beiden Anforderungen immer häufiger gerecht. *In situ*-Hybridisierungen sind nach wie vor am besten geeignet, um festzustellen, an wievielen Positionen im Genom eine Sequenz vorkommt, und wo sich eine Nucleinsäure innerhalb einer bestimmten Zelle befindet. Die Signalstärke ist dagegen weitaus schwieriger zu bestimmen; Verfahren zur Quantifizierung stecken noch in den Kinderschuhen. Bisher gibt es keine Methode, mit der man die Kopienzahl einer Nucleinsäuresequenz anhand der Stärke des *in situ*-Hybridisierungssignals exakt berechnen kann.

Die Menge radioaktiver *in situ*-Hybridisierungssignale kann man abschätzen, indem man die Zahl der Silberkörner in mehreren gleich großen Flächen des Präparats auszählt und statistisch auswertet. Mit dieser Methode kann man Gene bestimmten Chromosomen zuordnen. Allerdings wird die Reaktion der Photoemulsion auf die emittierte Strahlung der radioaktiven Markierung durch viele Faktoren beeinflußt (zum Beispiel durch Expositionsdauer und Art der Strahlung), so daß die Ergebnisse mit Vorsicht interpretiert werden sollten.

Davenport und Nunez (1990) beschreiben Möglichkeiten zur Quantifizierung radioaktiv markierter mRNA-Sonden mit Hilfe von computergestützten Bildanalyseverfahren.

Für die Quantifizierung nichtradioaktiv erzeugter Signale stehen verschiedene Methoden zur Verfügung. Vor allem digitale Photogeräte wie die gekühlte CCD-Kamera (Abschnitt 7.2.6) ermöglichen eine quantitative Auswertung der Signalintensitäten (zum Beispiel der Fluoreszenzintensität oder der Dichte farbiger Präzipitate). Ein Hauptproblem sind jedoch starke Schwankungen der *in situ*-Hybridisierungssignale, die sogar bei unmittelbar benachbarten Zellen beobachtet werden. Trotz zahlreicher Anstrengungen, das *in situ*-Hybridisierungsverfahren zu verbessern, konnte dieses Problem bisher nicht zufriedenstellend gelöst werden. Zusätzliche Schwierigkeiten ergeben sich, wenn das ursprüngliche Signal während des Nachweisverfahrens verstärkt worden ist. Ist der absolute Verstärkungsfaktor unbekannt, läßt sich das Signal kaum mehr quantifizieren. Mit Hilfe eines internen Standards kann man Schwankungen der Hybridisierungseffizienz korrigieren.

Bei der Elektronenmikroskopie ist eine grobe Quantifizierung möglich, wenn man kolloidale Goldpartikel zum Nachweis der Hybridisierung verwendet. Kleine (5 nm) Goldpartikel liegen an den Hybridisierungsstellen enger zusammen als größere (20–40 nm) Partikel (möglicherweise aufgrund von Oberflächenladungen) und sind für eine quantitative Signalauswertung sehr nützlich. Indem man die Partikel in bestimmten Bereichen zählt, erhält man die relative Signalstärke (Beesley, 1989).

7.5 Literatur

Albertson DG, Sherrington P, Vaudin M. (1991) Mapping nonisotopically labeled DNA probes to human chromosome bands by confocal microscopy. *Genomics* 10, 143–150.

Baker JRJ. (1989) Autoradiography: a comprehensive overview. *RMS Microscopy Handbook* Bd. 18. Oxford University Press, New York.

Beesley JE. (1989) Colloidal gold: a new perspective for cytochemical marking. *RMS Microscopy Handbook,* Bd. 17. Oxford University Press, New York.

Cremer T, Remm B, Kharboush I, Jauch A, Wienberg J, Stelzer E, Cremer C. (1991) Non-isotopic *in situ* hybridization and digital image analysis of chromosomes in mitotic and interphase cells. *Rev. Europ. Technol. Biomed.* 13, 50–54.

Darzynkiewicz Z. (1990) Differential staining of DNA and RNA in intact cells and isolated cell nuclei with acridine orange, Seite 285–298. In *Methods in Cell Biology*, Bd. 33, *Flow Cytometry* (Hrsg. Z Darzynkiewicz and H Crissman). Academic Press, San Diego, California.

Davenport AP, Nunez DJ. (1990) Quantification of radioactive mRNA *in situ* hybridization signals. Seite 95–111. In *In Situ Hybridization, Principles and Practice* (Hrsg. JM Polak and JO'D McGee). Oxford University Press, New York.

Johnson CV, McNeil JA, Carter KC, Lawrence JB. (1991) A simple rapid technique for precise mapping of multiple sequences in two colours using a single optical filter set. *Genet. Anal. Techniq. Applic.* 8, 75–76.

Landegent JE, Jansen in de Wal N, van Ommen G-JB, Baas F, de Vijlder JJM, van Duijn P, van der Ploeg M. (1985) Chromosomal localization of a unique gene by non-autoradiographic *in situ* hybridization. *Nature* 317, 175–177.

Narayanswami S, Hamkalo B. (1991) DNA sequence mapping using electron microscopy. *Genet. Anal. Techniq. Applic.* 8, 14–23.

Pinkel D, Straume T, Gray JW. (1986) Cytogenetic analysis using quantitative, high sensitivity, fluorescence hybridization. *Proc. Natl. Acad. Sci. USA* 83, 2934–2938.

Ploem JS, Tanke HJ. (1987) Introduction to fluorescence microscopy. *RMS Microscopy Handbook* Bd. 10. Oxford University Press, New York.

Rawlins DJ, Shaw PJ. (1990) Three-dimensional organization of ribosomal DNA in interphase nuclei of *Pisum sativum* by *in situ* hybridization and optical tomography. *Chromosoma* 99, 143–151.

Shotton DM. (1989) Confocal scanning optical microscopy and its applications for biological specimens. *J. Cell Sci.* 94, 175–206.

8.

Arbeitsvorschriften für die *in situ*-Hybridisierung, Schwierigkeiten und Kontrollen

Dieses Kapitel enthält Arbeitsvorschriften für *in situ*-Hybridisierungen bei licht- und elektronenmikroskopischen Untersuchungen. Abschnitt 8.1 behandelt RNA:RNA-*in situ*-Hybridisierungen, Abschnitt 8.2 DNA:DNA-*in situ*-Hybridisierungen. Die Nachweissysteme unterscheiden sich bei diesen beiden Arten der Hybridisierung nicht. Nachweisverfahren für radioaktiv markierte Sonden sind in Abschnitt 8.3 beschrieben, für biotin- beziehungsweise digoxigeninmarkierte Sonden in den Abschnitten 8.4 beziehungsweise 8.5. Für Biotin- und Digoxigeninmarkierungen werden drei verschiedene signalgebende Systeme vorgestellt: enzymatische (Meerrettichperoxidase, Abschnitt 8.6), Fluoreszenzfarbstoffe (Abschnitt 8.8) und kolloidale Goldpartikel (Abschnitt 8.9). Ein Vergleich der verschiedenen Systeme findet sich in Tabelle 6.2.

Die Zusammensetzung der verwendeten Puffer und Bezugsquellen einiger Reagentien sind im Anhang angegeben. Puffer sollten vor Gebrauch autoklaviert und Reagentien steril verwendet werden.

Man sollte mit sämtlichen Präparaten äußerst vorsichtig umgehen. Bei RNA:RNA-*in situ*-Hybridisierungen muß man darauf achten, daß die Reaktion nicht durch RNasen verunreinigt wird (Abschnitt 8.1). Wenn kleine Volumina (das heißt, weniger als $300\,\mu$l) benötigt werden, pipettiert man die Lösung auf einen Objektträger und verwendet Kunststoffdeckgläser, die aus autoklavierbaren Plastikbeuteln zurechtgeschnitten werden können. Kunststoffdeckgläser verteilen die Flüssigkeit gleichmäßig, schädigen das Präparat weniger als Glasdeckgläser und lassen sich leicht abwaschen. Bei der Elektronenmikroskopie taucht man die Drahtgitter für Schnittpräparate mit feinen Pinzetten in einen kleinen Tropfen Flüssigkeit, der auf einen Objektträger aufgetropft wird, und deckt sie anschließend mit einem Kunststoffdeckglas ab. Bei allen Waschschritten spült man die Objektträger und

Drahtgitter gründlich mit größeren Mengen Waschlösung (50–100 ml); dazu verwendet man Coplin-Becher (für Objektträger) beziehungsweise Glaspetrischalen (für Drahtgitter). Gitter und Objektträger sollte man nie trocknen, es sei denn, das Protokoll schreibt dies ausdrücklich vor.

Sämtliche Reaktionen sind, wenn nicht andere Bedingungen vorgeschrieben werden, bei Raumtemperatur durchzuführen.

8.1 RNA:RNA-*in situ*-Hybridisierung

Vorsichtsmaßnahmen gegen RNase-Aktivität

a) Alle Arbeiten mit Einmalhandschuhen durchführen.

b) Wenn möglich, sterile Einmalplastikwaren benutzen, die weitgehend RNase-frei sind.

c) Glaswaren vor Gebrauch mindestens 2 h bei 180°C backen, um RNasen zu inaktivieren.

d) Unsterile Plastikwaren mehrere Stunden in 0,2 M NaOH legen und dann in RNase-freiem Wasser (e) waschen.

e) RNase-freies Wasser wird durch Behandlung mit Diethylpyrocarbonat (DEPC, 0,1%) hergestellt, einem starken, jedoch nicht vollständigen RNase-Inhibitor. Anschließend das Wasser autoklavieren oder kochen, um DEPC zu entfernen. Einige Arbeitsgruppen verwenden bei Experimenten mit RNA für sämtliche Puffer DEPC-behandeltes Wasser. Wir halten autoklaviertes Millipore-gefiltertes, entmineralisiertes Wasser für ausreichend und setzen nur Lösungen für *in vitro*-Transkription und für Hybridisierungen immer mit DEPC-behandeltem Wasser an.

DEPC ist mutmaßlich ein Karzinogen; man sollte es entsprechend vorsichtig benutzen. DEPC-behandeltes Wasser stellt man wie folgt her:

1. Eine 0,1% (v/v) DEPC-Lösung in Wasser ansetzen (unter dem Abzug).

2. 2 h schütteln.

3. 15 min autoklavieren oder 30 min unter dem Abzug kochen.

8.1.1 Vorbehandlung (Abschnitt 3.4)

Reagentien

a) *Pronase E:* Pronase E (Sigma, Protease Typ XXV) in einer Konzentration von 40 mg ml^{-1} in Wasser lösen und zur Inaktivierung von Nucleasen

4h bei 37°C inkubieren. Diese Stammlösung portioniert bei –20°C lagern. Vor Gebrauch die Stammlösung auf 0,125 mg ml^{-1} mit 50 mM Tris/HCl, pH 7,5 (Anhang), 5 mM EDTA verdünnen.

b) *Frisch depolymerisiertes Paraformaldehyd (4%):* Depolymerisiertes Paraformaldehyd wird unter dem Abzug hergestellt, indem man 2 g Paraformaldehyd mit 40 ml 1 × PBS (Anhang) mischt, 10 min auf 60°C erhitzt und die Lösung mit etwa 10 ml 0,1 M NaOH klärt. Lösung auf ein Volumen von 50 ml auffüllen.

Methode

1. Pronase-Behandlung
   a) Objektträger 10 min in Pronase E inkubieren. Die erforderliche Inkubationszeit richtet sich nach dem jeweiligen Gewebe und muß empirisch bestimmt werden.
   b) Zum Abstoppen der Reaktion Objektträger 2 min in 0,2% (w/v) Glycin in 1 × PBS legen.
   c) Objektträger 10 min in frisch depolymerisiertem Paraformaldehyd inkubieren.
   d) Objektträger 2 × 5 min in 1 × PBS waschen.
2. Acetylierung
   a) Objektträger in eine 0,1 M Triethanolamin/HCl-Lösung (pH 8) legen, die ein Magnetrührer ständig umrührt.
   b) Essigsäureanhydrid in einer Endkonzentration von 0,5% (v/v) zugeben, 10 s sehr stark rühren lassen. Warnung: Diese Mischung ist leicht entzündlich, flüchtig und ätzend und sollte mit Vorsicht unter dem Abzug hergestellt werden.
   c) Präparat 10 min unter leichtem Rühren inkubieren
   d) Objektträger 1 min in 1 × PBS waschen.
3. Entwässern
   a) Präparat 2 min in 0,85% (w/v) NaCl waschen.
   b) Jeweils 1 min in 30%, 50%, 75%, 85%, 95% und 2 × in 100% Ethanol einlegen. Die Objektträger kann man vor Zugabe der Sonde einige Stunden bei 4°C in Ethanoldampf aufbewahren.
   c) Unmittelbar vor der Hybridisierung lufttrocknen lassen.

8.1.2 Hybridisierungsgemisch und Denaturierung für eine RNA:RNA-*in situ*-Hybridisierung (Abschnitte 5.3 und 5.4)

Man markiert die RNA-Sonde mit den in Kapitel 4, Abschnitt 4.2.2 beschriebenen Methoden. Das Hybridisierungsgemisch wird in der Regel unmittelbar vor Gebrauch angesetzt, ist jedoch bei –20°C sechs Monate stabil. Das unten angegebene Gemisch eignet sich für tritium- und nichtradioaktiv markierte Sonden, bei ^{35}S-Markierungen muß man 20 mM Dithiothreitol zusetzen.

Reagentien

a) *Formamid:* Man verwendet deionisiertes, sehr reines Formamid; Lagerung bei –20°C. Beim Umgang mit Formamid ist Vorsicht geboten, da es giftig und karzinogen ist.

b) *50% (w/v) Dextransulfat:* Dextransulfat in DEPC-behandeltem Wasser lösen, durch ein Mikrofilter (0,22 μm) filtern und portionsweise bei –20°C lagern.

c) *10 × Salze:* 3 M NaCl; 0,1 M Tris/HCl, pH 6,8 (Anhang); 0,1 M NaH$_2$PO$_4$/Na$_2$HPO$_4$ (pH 6,8); 50 mM EDTA in DEPC-behandeltem Wasser.

d) *Blockade-tRNA:* 100 mg ml^{-1} nucleasefreie tRNA (Sigma, Typ XXI) in DEPC-behandeltem Wasser.

e) *100 × Denhardt-Lösung:* 2% (w/v) Rinderserumalbumin (Fraktion V, nucleasefrei), 2% (w/v) Ficoll 400, 2% (w/v) Polyvinylpyrrolidon in Wasser.

Methode

1. Hybridisierungsgemisch ansetzen.

Tabelle 8.1

Lösung	empfohlenes Volumen pro Objektträger (μl)	Endkonzentration
100% Formamid	16	50%
50% (w/v) Dextransulfat	8	10%
10 × Salze	4	1 ×
Blockade-tRNA	0,4	1 mg ml^{-1}
100 × Denhardt-Lösung	0,4	1 ×
Wasser	3,2	

2. RNA-Sonde (die in 50% (v/v) deionisiertem Formamid in Wasser vorliegt; Kapitel 4, Tabelle 4.4) 2 min bei 80°C denaturieren.

3. 8 μl denaturierte Sonde zu 32 μl Hybridisierungsgemisch (siehe oben) zugeben.

4. Auf jeden Objektträger 40 μl des Gemischs geben und abdecken.

5. Objektträger in einer Feuchtkammer inkubieren, die mit in 2 × SSC getränktem Saugpapier ausgelegt ist (Anhang).

8.1.3 Hybridisierung der RNA-Sonde

In der Feuchtkammer bei 50°C über Nacht hybridisieren.

8.1.4 Waschschritte (Abschnitt 5.5)

Das beschriebene Verfahren eignet sich für tritium- und nichtradioaktiv markierte Sonden. Für ^{35}S-markierte Sonden sollte man der Formamidwaschlösung 100 mM β-Mercaptoethanol zusetzen.

Reagentien

a) *Formamidwaschlösung:* 50% (v/v) Formamid in 2 × SSC (Anhang).
b) *NTE-Puffer:* 0,5 M NaCl, 10 mM Tris/HCl, pH 7,5 (Anhang), 1 mM EDTA.
c) *RNase A:* 20 μg ml^{-1} RNase A (Sigma Typ 1A) in NTE-Puffer.

Methode

1. Objektträger in die auf 50° C vorgewärmte Formamidwaschlösung legen und so lange vorsichtig schütteln, bis sich die Deckgläschen ablösen (etwa 30 min).
2. Objektträger unter leichtem Schütteln 2 × 90 min bei 50°C in der Formamidwaschlösung inkubieren.
3. In NTE-Puffer 2 × 5 min bei 37°C waschen.
4. Objektträger 30 min bei 37°C in RNase A inkubieren.
5. In NTE-Puffer 2 × 5 min waschen.
6. Unter leichtem Schütteln 90 min bei 50°C in der Formamidwaschlösung inkubieren.
7. In 1 × SSC (Anhang) 5 min waschen.
8. Für den autoradiographischen Nachweis radioaktiv markierter Sonden siehe Abschnitt 8.3. Für den Nachweis biotinmarkierter Sonden siehe Abschnitt 8.4, für digoxigeninmarkierte Sonden siehe Abschnitt 8.5.

8.2 DNA:DNA-*in situ*-Hybridisierung

8.2.1 Vorbehandlung (Abschnitt 3.4)

Die Vorbehandlung von Gewebeschnitten und von Chromosomenspreitungen unterscheidet sich in der Regel.

Eine Acetylierung erfolgt nur bei hohen endogenen Biotinspiegeln, die beim Nachweis biotinylierter Sonden stören, oder wenn die Objektträger mit Poly-L-Lysin beschichtet sind. Falls erforderlich, wird dieser Schritt wie in Abschnitt 8.1.1 nach dem Trocknen über Nacht durchgeführt.

Reagentien

a) *RNase A:* RNase A-Stammlösung herstellen, indem man 10 mg ml^{-1} DNase-freie RNase in 10 mM Tris/HCl, pH 7,5 (Anhang), 15 mM NaCl löst und 15 min aufkocht. Nach Abkühlen in Portionen einfrieren. Vor Gebrauch auf 100 μg ml^{-1} RNase A in 2 × SSC (Anhang) verdünnen.

b) *Proteinase-K-Reaktionspuffer:* 20 mM Tris/HCl, pH 8,0 (Anhang), 2 mM CaCl$_2$.

c) *Proteinase K:* In einer Konzentration von 1–5 μg ml^{-1} in Proteinase-K-Reaktionspuffer lösen.

d) *Stoppuffer für Proteinase K:* 20 mM Tris/HCl, pH 8,0 (Anhang), 2 mM CaCl$_2$, 50 mM MgCl$_2$.

e) *Pepsinlösung:* Pepsin (Schweinemagenschleimhaut, Aktivität 3 200– 4 500 Einheiten pro mg Protein; Sigma) in einer Konzentration von 5–10 μg ml^{-1} in 0,01 M HCl lösen.

f) *Frisch depolymerisiertes Paraformaldehyd (4%):* Depolymerisiertes Paraformaldehyd unter dem Abzug herstellen; man mischt 2 g Paraform- aldehyd mit 40 ml Wasser, erhitzt 10 min auf 60°C, klärt die Lösung mit etwa 10 ml 0,1 M NaOH und füllt auf 50 ml auf.

Methode

1. Trocknen
   a) Schnitte und Spreitungen werden über Nacht im Inkubator bei 37°C getrocknet.
2. RNase-Behandlung (DNase-freie RNase A)
   a) Auf das Präparat 200 μl RNase geben, abdecken und in einer Feucht- kammer 1 h bei 37°C inkubieren.
   b) Objektträger 3 × 5 min in 2 × SSC (Anhang) waschen.
3a. Proteinase-K-Behandlung (für Gewebeschnitte)
   a) Präparat 2 × 5 min in Proteinase-K-Reaktionspuffer legen.
   b) Nach Zugabe von 200 μl Proteinase K Präparat abdecken und 10 min bei 37°C in einer Feuchtkammer inkubieren.
   c) Reaktion stoppen, indem man das Präparat 3 × 5 min in Stoppuffer wäscht.
3b. Pepsin-Behandlung (fakultativ für Chromosomenspreitungen)
   a) Präparat 2 min in 0,01 M HCl legen.

b) Nach Zugabe von 200 μl Pepsinlösung Präparat abdecken und 10 min bei 37°C in einer Feuchtkammer inkubieren.

c) Reaktion abstoppen, indem das Präparat 2 min in Wasser gelegt und dann 2 × 5 min in 2 × SSC gewaschen wird.

4. Fixierung vor der Hybridisierung
   a) Präparat 10 min in frisch depolymerisiertes Paraformaldehyd legen.
   b) Objektträger 3 × 5 min in 2 × SSC waschen.

5. Entwässern
   a) Bei Zellspreitungen: Jeweils 3 min in 70%, 90% und 100% Ethanol entwässern und dann lufttrocknen.
   b) Bei Schnitten: Überschüssige Flüssigkeit durch vorsichtiges Blasen entfernen. Nicht austrocknen lassen.

8.2.2 Hybridisierungsgemisch und Denaturierung für eine DNA:DNA-*in situ*-Hybridisierung (Abschnitte 5.3 und 5.4)

Die Markierung der Sonden-DNA erfolgt nach den in Kapitel 4, Abschnitt 4.2.2 beschriebenen Methoden. Man setzt das Hybridisierungsgemisch in der Regel unmittelbar vor Gebrauch an, kann es aber bei –20°C bis zu sechs Monate lagern. Das beschriebene Protokoll eignet sich für den Nachweis klonierter repetitiver Sequenzen. Man kann jedoch andere Konzentrationen von Blockade-DNA, SDS und Sonde wählen und die Stringenz der Reaktion (Abschnitt 5.2) über die Formamid- und SSC-Konzentrationen abändern.

Reagentien

a) *Formamid:* Deionisiertes, sehr reines Formamid verwenden, das bei –20°C gelagert wird (zum Beispiel Sigma F7508).

b) *50% (w/v) Dextransulfat:* Dextransulfat in Wasser lösen, durch ein Mikrofilter (0,22 μm) filtrieren und portionsweise bei –20°C lagern.

c) *Blockade-DNA:* Autoklavierte Lachssperma-DNA (5 μg μl^{-1}; bei –20°C lagern) in 2–250fach höherer Konzentration als die Sonde einsetzen.

d) *10% (w/v) SDS (Natriumdodecylsulfat) in Wasser:* Wird meist in einer Endkonzentration von 0,05–0,15% SDS eingesetzt.

Methode

1. Eine Feuchtkammer vorbereiten (damit die Präparate nicht austrocknen), die mit in 2 × SSC (Anhang) getränktem Saugpapier ausgelegt ist. In einem Wasserbad oder Inkubator auf 90°C aufheizen.

2. Hybridisierungsgemisch ansetzen.

Tabelle 8.2

Lösung	empfohlenes Volumen pro Objektträger (μl)	Endkonzentration
100% Formamid	20	50%
50% (w/v) Dextransulfat	8	10%
20 × SSC	4	2 ×
Sonde (40 ng μl^{-1})	1	1 ng μl^{-1}
Blockade-DNA	2	250 ng μl^{-1}
10% (w/v) SDS	0,5	0,125%
Wasser	4,5	

3. Hybridisierungsgemisch 10 min bei 70°C denaturieren und dann 5 min auf Eis stellen.

4. Auf jeden Objektträger 40 μl denaturiertes Hybridisierungsgemisch geben und abdecken.

5. Objektträger rasch in die vorgeheizte Feuchtkammer legen und 10 min bei 90°C (Wasserbad oder Inkubator) inkubieren. Dabei die Temperatur in der Nähe der Objektträger überwachen.

6. Die Feuchtkammer mit den Präparaten in einen 37°C-Inkubator befördern. Dieser Schritt muß möglichst schnell erfolgen, damit die Präparate nicht zu rasch abkühlen. Dadurch sorgt man dafür, daß sich zuerst die Sequenzen mit der größten Homologie zusammenfinden.

8.2.3 Hybridisierung der DNA-Sonde

In der Feuchtkammer bei 37°C über Nacht hybridisieren.

8.2.4 Waschschritte bei DNA:DNA-Hybriden (Abschnitt 5.5)

Nach der Hybridisierung muß man unspezifisch und schwach gebundene Sonden entfernen.

1. Objektträger bei 35–42°C in 2 × SSC legen, bis sich die Deckgläschen ablösen.

2. Objektträger 2 × 5 min bei 42°C in 20% (v/v) Formamid in 0,1 × SSC waschen. Dieser stringente Waschschritt erfordert eine Sequenzhomologie von über 80–85%.

3. Objektträger 3 × 3 min bei 42°C in 2 × SSC waschen.

4. Coplin-Becher aus dem Wasserbad nehmen und 5 min abkühlen lassen.

5. Objektträger 3 × 3 min in 2 × SSC waschen.

6. Der autoradiographische Nachweis von radioaktiv markierten Sonden wird in Abschnitt 8.3 beschrieben; der Nachweis von biotinmarkierten

Sonden in Abschnitt 8.4 und der Nachweis von digoxigeninmarkierten Sonden in Abschnitt 8.5.

8.3 Nachweis radioaktiv markierter Sonden: Autoradiographie (Abschnitt 6.1)

Für die Autoradiographie werden photographische Emulsionen verwendet (Amersham Hypercoat LM-1, Kodak NBT-2 oder Ilford K5). Man beschichtet die Emulsion nach Anweisung des Herstellers in einer Dunkelkammer, die mit einem Rotlicht (zum Beispiel Wratten Nr. 2) ausgerüstet ist.

Reagentien

a) *Ethanolreihe:* Eine Ethanolreihe mit 30%, 60%, 80% und 95% Ethanol in 0,3 M Ammoniumacetat ansetzen. In 95% Ethanol löst sich das 0,3 M Ammoniumacetat nicht vollständig; dies ist jedoch unerheblich.

b) *Kodak-NBT-2-Emulsion:* Emulsion im Wasserbad bei 45°C innerhalb von 45 min auflösen, dann in ein Becherglas mit dem gleichen Volumen 0,6 M Ammoniumacetat (auf 45°C vorgewärmt) gießen und durch vorsichtiges Schwenken mischen. Emulsion in Tauchgefäße verteilen und 30 min abkühlen lassen. Portionen bei 4°C aufbewahren, Gefäße in drei Lagen Aluminiumfolie einpacken.

c) *Entwickler:* Kodak-D19-Entwickler 1:1 mit Wasser verdünnt verwenden.

d) *Stopplösung:* 1% (v/v) Glycerin, 1% (v/v) Essigsäure in Wasser.

e) *Fixierer:* 30% (w/v) Natriumthiosulfat in Wasser.

Methode

1. Präparate in der Ethanolreihe jeweils 1 min entwässern, dann 1 min in 100% Ethanol legen und trocknen lassen.

2. Objektträger mit Kodak-NBT-2-Emulsion beschichten

   a) In der Dunkelkammer eine Portion der Emulsion im 42°C-Wasserbad anwärmen, Gefäß umdrehen, damit sich die Emulsion vermischt, und zum Entfernen von Luftblasen einige leere Objektträger eintauchen. Objektträger mit den Präparaten in die Emulsion eintauchen, langsam und gleichmäßig wieder herausziehen und die Objektträger dabei senkrecht halten. Einige Sekunden abtropfen lassen und dann zum Trocknen in einen Ständer stellen. Wenn alle Objektträger beschichtet sind, stellt man den Ständer in eine lichtundurchlässige Schachtel und läßt die Objektträger mindestens 1 h trocknen.

b) Objektträger in Präparatekästen mit Silicagel als Trocknungsmittel legen, mit Isolierband verschließen und dreifach mit Aluminiumfolie einwickeln. Exposition bei 4°C für die erforderliche Zeit.

3. Entwickeln der Objektträger

Sämtliche Lösungen (Entwickler, Stopplösung und Fixierer) vor Gebrauch auf 14°C kühlen, damit die Emulsion keine Risse bekommt.

a) Kästen mit den Objektträgern 1 h auf Raumtemperatur anwärmen. Dadurch wird die Bildung von Kondenswasser verhindert und so das latente Bild in der Emulsion geschützt.

b) In der Dunkelkammer taucht man die Objektträger 2 min in den Entwickler und schwenkt sie anschließend 30 s vorsichtig in der Stopplösung. Objektträger 5 min in den Fixierer tauchen und dann in destilliertem Wasser, das mehrfach gewechselt wird, waschen.

Protokolle für Gegenfärbungen und Einschlußmittel unter Abschnitt 8.7.

8.4 Nachweis biotinmarkierter Sonden (Abschnitte 6.2 und 6.3)

Biotinylierte Sonden lassen sich mit Avidin, Streptavidin oder mit gegen Biotin gerichteten Antikörpern nachweisen. In diesem Abschnitt beschreiben wir drei Nachweisverfahren: Avidin, das entweder mit einem Fluoreszenzfarbstoff oder dem Enzym Meerrettichperoxidase (HRPO) gekoppelt ist, und Streptavidin, das mit kolloidalem Gold gekoppelt wird. Eine Signalverstärkung ist nur dann nötig, wenn das Signal zu schwach ist oder kolloidales Gold eingesetzt wird. Vergleiche Abschnitt 8.6 für die DAB-Reaktion beim enzymatischen Nachweis, Abschnitt 8.8 für Gegenfärbungen und Einschließen von Fluoreszenzkonjugaten und Abschnitt 8.9 für Gegenfärbungen in der Elektronenmikroskopie.

Reagentien

a) *BSA-Lösung:* 5% (w/v) BSA (Rinderserumalbumin) in 4 × SSC/Tween (Anhang).

b) *Avidinkonjugat:* Gewünschtes Konjugat in BSA-Lösung verdünnen.

Tabelle 8.3

Nachweissystem	Avidinkonjugat	empfohlene Konzentration (μg ml^{-1})
1. Fluoreszenz	Texas Red	5
	Fluorescein	5
2. enzymatisch	Meerrettichperoxidase	10
3. kolloidales Gold[a]	unkonjugiert	5

[a] Wenn man kolloidales Gold verwendet, sollten die Goldpartikel aus sterischen Gründen nicht an dieser Stelle eingebaut werden. Stattdessen sollte man unkonjugiertes Avidin einsetzen. Die kolloidalen Goldpartikel benutzt man dann bei der Signalverstärkung (Schritt 9).

c) *Ziegennullserum:* 5% (v/v) Nullserum aus Ziege in 4 × SSC/Tween (Anhang) lösen.

d) *Biotinyliertes Anti-Avidin (aus Ziege):* 5 μg ml^{-1} biotinyliertes Anti-Avidin in Ziegennullserum.

e) *Streptavidin-Gold:* 1:20 Verdünnung von 5, 10 oder 20 nm Streptavidin-Gold (Biocell) in BSA-Lösung.

Methode

1. Nachweis
   a) Objektträger 5 min in 4 × SSC/Tween legen.
   b) Auf jeden Objektträger 200 μl BSA-Lösung geben, mit einem Deckgläschen abdecken und 5 min inkubieren.
   c) Deckglas entfernen und BSA-Lösung ablaufen lassen. Pro Objektträger 30 μl Avidinkonjugat zugeben. Mit einem frischen Deckglas abdecken und 1 h bei 37°C in einer Feuchtkammer inkubieren.
   d) Objektträger 3 × 8 min bei 37°C in 4 × SSC/Tween waschen.
2. Signalverstärkung
   e) Auf jeden Objektträger 200 μl Ziegennullserum geben, ein Deckgläschen auflegen und 5 min inkubieren.
   f) Ziegenserum ablaufen lassen und jeweils 30 μl biotinyliertes Anti-Avidin zugeben. Deckglas austauschen und 1 h bei 37°C in einer Feuchtkammer inkubieren.
   g) Objektträger 3 × 8 min bei 37°C in 4 × SSC/Tween waschen.
   h) Mit BSA-Lösung wie in Schritt (2) inkubieren.
   i) Mit demselben Avidinkonjugat wie in Schritt (3) inkubieren. Bei Verwendung von kolloidalem Gold mit 30 μl Streptavidin-Gold inkubieren. Bei 37°C 1 h stehen lassen.
   j) Präparat 3 × 8 min bei 37°C in 4 × SSC/Tween waschen.

8.5 Nachweis digoxigeninmarkierter Sonden (Abschnitte 6.2 und 6.3)

Digoxigeninmarkierungen werden mit einem Signal nachgewiesen, das an Anti-Digoxigenin-Antikörper gekoppelt ist. Eine Signalverstärkung ist nur nötig, wenn das Signal zu schwach ist oder man kolloidales Gold verwendet. Abschnitt 8.6 beschreibt die DAB-Reaktion beim enzymatischen Nachweis, Abschnitt 8.8 Gegenfärbungen und Einschließen von Fluoreszenzkonjugaten und Abschnitt 8.9 Gegenfärbungen in der Elektronenmikroskopie.

Reagentien

a) *BSA-Lösung:* 5% (w/v) BSA in 4 × SSC/Tween (Anhang).
b) *Anti-Digoxigeninkonjugat (aus Ziege):* Gewünschtes Konjugat in BSA-Lösung verdünnen.

Tabelle 8.4

Nachweissystem	Anti-Digoxigeninkonjugat (aus Schaf)	empfohlene Konzentration
1. Fluoreszenz	Fluorescein	5 μg ml^{-1}
	Rhodamin	10 μg ml^{-1}
2. enzymatisch	Peroxidase	7,5 ml^{-1}
3. kolloidales Gold[a]	unkonjugiert	20 μg ml^{-1}

[a] Wenn man kolloidales Gold verwendet, sollten die Goldpartikel aus sterischen Gründen nicht an dieser Stelle eingebaut werden. Stattdessen sollte man unkonjugiertes Avidin einsetzen. Die kolloidalen Goldpartikel benutzt man bei der Signalverstärkung (Schritt 9).

c) *Kaninchennullserum:* 5% (v/v) Nullserum aus Kaninchen in 4 × SSC/Tween (Anhang) lösen.
d) *Kaninchen-Anti-Ziege-IgG-Konjugat:* Entsprechendes Konjugat in Kaninchennullserum verdünnen.

Tabelle 8.5

Nachweissystem	Anti-Schafkonjugat	empfohlene Konzentration
1. Fluoreszenz	FITC	25 μg ml^{-1}
	Rhodamin	25 μg ml^{-1}
2. enzymatisch	Meerrettichperoxidase	13 μg ml^{-1}
3. kolloidales Gold	Gold (10 nm)	1:20

Methode

1. Nachweis
   a) Objektträger 5 min in 4 × SSC/Tween legen.
   b) Auf jeden Objektträger 200 μl BSA-Lösung geben, mit einem Deckgläschen abdecken und 5 min inkubieren.
   c) Deckglas entfernen und BSA-Lösung ablaufen lassen. Pro Objektträger 30 μl Anti-Digoxigeninkonjugat zugeben. Mit einem frischen Deckglas abdecken und 1 h bei 37°C in einer Feuchtkammer inkubieren.
   d) Objektträger 3 × 8 min bei 37°C in 4 × SSC/Tween waschen.
2. Signalverstärkung
   e) Auf jeden Objektträger 200 μl Kaninchennullserum geben, ein Deckgläschen auflegen und 5 min inkubieren.
   f) Kaninchenserum ablaufen lassen und jeweils 30 μl markiertes Anti-Ziegekonjugat zugeben. Deckglas austauschen und 1 h bei 37°C in einer Feuchtkammer inkubieren.
   g) Objektträger 3 × 8 min bei 37°C in 4 × SSC/Tween waschen.

8.6 Enzymatische Systeme: Meerrettichperoxidase (Abschnitt 6.3.2)

8.6.1 DAB-Reaktion und Amplifizierung

Meerrettichperoxidase katalysiert die Oxidation von DAB (eine karzinogene Verbindung), so daß an der *in situ*-Hybridisierungsstelle ein braunes Präzipitat entsteht. Das DAB-Präzipitat kann man mit Silber verstärken (siehe unten) und das Präparat mit einer Gegenfärbung behandeln (Abschnitt 8.7). Das Signal erkennt man im Durchlicht- oder Auflichtmikroskop (Abschnitt 7.2.2 beziehungsweise 7.2.3).

Reagentien

a) *Diaminobenzidin-Nachweisreagenz:* 5 mg DAB in 0,5 ml Wasser (gefroren lagern) mit 9,5 ml 50 mM Tris/HCl, pH 7,4 (Anhang) mischen.
b) *Silberamplifizierung, Lösung A (in entmineralisiertem Wasser):* 0,2% (w/v) Ammoniumnitrat, 0,2% (w/v) Silbernitrat, 1% (w/v) Wolframkieselsäure, 0,5% (v/v) Formaldehyd (38% (v/v) Formamidstammlösung mit Wasser verdünnen).
c) *Silberamplifizierung, Lösung B (in entmineralisiertem Wasser):* 5% (w/v) Na_2CO_3.

Methode

1. DAB-Reaktion
   a) Objektträger aus $4 \times$ SSC/Tween nehmen und abtropfen lassen. Auf jeden Objektträger 200 μl DAB-Nachweisreagenz geben und 20 min im Dunkeln bei 4°C inkubieren.
   b) Objektträger abtropfen lassen und nochmals 200 μl DAB-Nachweisreagenz mit frischem Wasserstoffperoxid versetzt (1 μl einer 30% H_2O_2-Stammlösung auf 2 ml DAB-Nachweisreagenz) zugeben. Bei 4°C 20 min inkubieren.
   c) Reaktion mit einem Überschuß Wasser abstoppen.
2. Silberamplifizierung der DAB-Präzipitate
   a) Lösung B mit einem gleichen Volumen Lösung A versetzen. Sofort 500 μl dieser Mischung auf das Präparat geben, abdecken und den Silberniederschlag unter dem Mikroskop beobachten.
   b) Reaktion mit Wasser abstoppen, Objektträger dann 2 min in 1% Essigsäure legen. Präparat gegenfärben und einschließen (Abschnitt 8.7 für Lichtmikroskopie, Abschnitt 8.9 für Elektronenmikroskopie).

8.7 Gegenfärbungen und Einschlußmittel für die Durchlichtmikroskopie

8.7.1 Chromosomenpräparate

Reagentien

a) *Sörenson-Puffer (pH 6,8):* 0,03 M KH_2PO_4 und 0,03 M Na_2HPO_4.
b) *Giemsa-Färbelösung:* 4% (v/v) Giemsa (Gurr) in Sörenson-Puffer. Unmittelbar vor Gebrauch ansetzen. Wenn sich auf der Oberfläche Präzipitate bilden, werden diese mit Filterpapier entfernt.

Methode

1. Objektträger 10 min in Giemsa-Färbelösung inkubieren.
2. Präparat mit destilliertem Wasser waschen und lufttrocknen.
3. Mit einem der gebräuchlichen Einschlußmittel auf Kunstharzbasis, zum Beispiel DPX (BDH) oder Euparal, oder vorübergehend in Xylen einschließen.

8.7.2 Gewebeschnitte

Kernfärbungen oder andere Gegenfärbungen sollten dem Kontrast des Präparats dienen und nicht von der Aussage des *in situ*-Hybridisierungssignals ablenken. Viele verschiedene Gegenfärbungen sind gebräuchlich, zum Beispiel Toluidinblau, Hämatoxilin und Eosin, Methylgrün, Neutralrot und Safranin; sie werden in den Standardwerken der Histologie beschrieben. Präparate können sowohl ungefärbt als auch gefärbt eingeschlossen werden. Es folgt ein Protokoll für die Gegenfärbung mit Toluidinblau (Abbildung 2.7c).

Reagenz

a) *Toluidinblau:* 0,05% (w/v) Toluidinblau in Wasser.

Methode

1. Objektträger etwa 1 min in Toluidinblau inkubieren (erforderliche Zeit empirisch bestimmen).
2. Überschüssige Farbe mit Wasser abwaschen.
3. Präparate in destilliertem Wasser spülen und in einer Ethanolreihe mit 30%, 50%, 75%, 95%, 100% (v/v) Ethanol entwässern.
4. Objektträger zweimal in jeweils frisches Histo-Clear eintauchen.
5. Histo-Clear kurz abtropfen lassen. Auf jeden Objektträger einige Tropfen DPX-Einschlußmittel (BDH) geben, ein Deckglas auflegen und überschüssiges DPX/Histo-Clear durch vorsichtiges Drücken entfernen. Über Nacht erhärten lassen. Nach autoradiographischem Nachweis wird die Unterseite des Objektträgers mit einem Detergenz von der Emulsion befreit.
6. Präparate mit Dunkel- oder Hellfeldbeleuchtung begutachten.

8.8 Gegenfärbungen und Darstellung von Fluoreszenzfarbstoffen im Auflicht-Fluoreszenzmikroskop

8.8.1 Gegenfärbungen – DAPI und Propidiumiodid

DAPI (4',6-Diamidin-2-phenylindol) eignet sich besonders für Gegenfärbungen, da Anregungs- (UV) und Emissionslicht (blau) dieses Farbstoffs nicht mit denen der Fluorochrome Texas Red, Rhodamin und FITC überlappen. Zusätzlich kann man eine Gegenfärbung mit Propidiumiodid (PI) durchführen. Propidiumiodid emittiert nach Anregung mit grünem Licht rotes Fluoreszenzlicht mit derselben Wellenlänge, die zur Anregung von FITC (grüne Fluoreszenz) verwendet wird. Die Anregungs- und Emissionsmaxima dieser DNA-Gegenfärbungen sind in Tabelle 6.3 angegeben.

Reagentien

a) *McIlvaine-Puffer (pH 7,0):*
   A = 0,1 M Zitronensäure
   B = 0,2 M Na_2HPO_4
   Durch Mischen von 18 ml Lösung A und 82 ml Lösung B erhält man einen Puffer mit pH 7,0.
b) *DAPI:* Eine Stammlösung mit 100 μg ml^{-1} DAPI in Wasser wird bei –20°C gelagert. Vor Gebrauch wird die Stammlösung mit McIlvaine-Puffer auf eine Konzentration von 2 μg ml^{-1} DAPI verdünnt.
c) *PI:* Eine Stammlösung mit 100 μg ml^{-1} PI in Wasser wird bei –20°C gelagert. Unmittelbar vor Gebrauch wird die Stammlösung mit 4 × SSC/Tween (Anhang) auf eine Konzentration von 2,5 μg ml^{-1} verdünnt.

Methode

1. DAPI-Färbung
   a) Auf jeden Objektträger 100 μl DAPI geben, abdecken und 10 min inkubieren.
   b) Kurz in 4 × SSC/Tween waschen und Antibleichlösung (Abschnitt 8.8.2) zugeben, oder zusätzlich mit PI gegenfärben (Schritt 3).
2. PI-Färbung
   Nicht zusammen mit Texas Red, Rhodamin oder anderen rot fluoreszierenden Farbstoffen anwenden.
   c) Auf jeden Objektträger 100 μl PI geben, abdecken und 10 min inkubieren.
   d) Kurz in 4 × SSC/Tween waschen und Antibleichmittel (Abschnitt 8.8.2) zugeben.

8.8.2 Antibleichmittel

1. Pro Objektträger etwa 50 μl Antibleichmittel auftragen (Bezugsquellen siehe Anhang).
2. Präparat mit einem dünnen (vorzugsweise UV-durchlässigen oder hochwertigen) Deckglas abdecken.
3. Überschüssiges Antibleichmittel vorsichtig mit Filterpapier absaugen.

8.8.3 Mikroskopische Darstellung

Die mikroskopische Untersuchung des *in situ*-Signals erfordert UV-durchlässige Hochleistungsobjektive und ein Immersionsöl ohne Eigenfluoreszenz (zum Beispiel Leitz-Immersionsöl). Fluoreszenzfarbstoffe müssen mit den passenden Fluoreszenzfilterblöcken sichtbar gemacht werden (Tabelle 7.1); FITC: Zeiss-Filterblock = 09, Leitz-Filterblock I2/3; Texas Red: Zeiss = 12 oder 15, Leitz = N2 oder N2.1; DAPI: Zeiss = 01 oder 02, Leitz = A oder D.

8.9 Gegenfärbungen für die Elektronenmikroskopie

Reagentien

Für die Elektronenmikroskopie sind fertige Farbstoffe erhältlich. Beim Umgang mit Schwermetallsalzen ist Vorsicht geboten!

a) *Uranylacetat:* Eine gesättigte Stammlösung von Uranylacetat in Wasser ansetzen und unlösliche Substanz sich absetzen lassen (mindestens 1 Tag). Dunkel lagern. Klare Lösung vor Gebrauch durch Mikrofilter (0,22 μm) filtrieren.

b) *Bleicitrat:* Eine Lösung aus 0,08 M Bleicitrat und 0,12 M Natriumcitrat ansetzen, indem man die Feststoffe mit der Hälfte des erforderlichen Wasservolumens mischt und so viel 0,1 M NaOH zugibt, bis sich die Substanzen lösen. Mit Wasser auf das Endvolumen einstellen. Bleicitratlösung in fest verschlossenem Behälter aufbewahren, um das Eindringen von Kohlendioxid möglichst zu vermeiden. Durch Kohlendioxid fällt Bleicarbonat aus der Lösung aus.

Methode

1. Jedes Gitter in einen Tropfen Bleicitratlösung in einer sauberen Petrischale legen und 5 min inkubieren. Möglichst nicht auf den Tropfen ausatmen, da ausgeatmete Luft einen hohen Kohlendioxidgehalt hat.
2. Rasch in sauberes entmineralisiertes Wasser übertragen und gründlich waschen, damit der Farbstoff nicht ausfällt (mindestens 5 × 30 s).
3. Gitter in frisch gefilterte gesättigte Uranylacetatlösung in einer sauberen Petrischale einlegen. Im Dunkeln 1–5 min inkubieren.
4. Rasch in sauberes, entmineralisiertes Wasser übertragen und gründlich waschen (5 × 30 s).
5. Überschüssige Flüssigkeit abtropfen lassen, lufttrocknen, und Präparat im Transmissionselektronenmikroskop untersuchen.

8.10 Fehlersuche

8.10.1 Schwaches Signal

Im ungünstigsten Fall findet man nach einer *in situ*-Hybridisierung überhaupt kein Signal. In einem solchen Fall ist die Ursache nur schwer zu ermitteln. Wenn schwache Signale zwar sichtbar sind, aber blaß oder schmutzig wirken, läßt sich eine Verbesserung erreichen, indem man die Bedingungen so einstellt, daß Hintergrundfärbung, unspezifische und Kreuzhybridisierungen zugunsten der Signalstärke vermindert werden. Es ist daher wichtig, experimentelle Bedingungen zu wählen, unter denen mit großer Wahrscheinlichkeit ein Signal auftritt, und nebenher geeignete Kontrollen durchzuführen. Insbesondere Sonden und Nachweisreagentien sollte man vor Gebrauch testen. Beim ersten Versuch sollte man mit geringer Stringenz hybridisieren und waschen.

Sonde. Um die Sonde zu überprüfen, bindet man eine kleine Menge der Sonde an Nitrocellulose oder geladene Nylonmembran und bestimmt die eingebaute Markierung (zum Beispiel im Dot-Blot). Radioaktiv markierte Sonden mißt man im Szintillationszähler. Bei nichtradioaktiven Sonden (Tabelle 4.9) erhält man eine halbwegs quantitative Aussage über die Einbaueffizienz. Für das eigentliche *in situ*-Hybridisierungsexperiment sollte man möglichst dieselben Nachweisreagentien (zum Beispiel Antikörper) benutzen wie für die Überprüfung der nichtradioaktiv markierten Sonde, um unbrauchbare Nachweisreagentien auszuschließen.

Die Nachweisreagentien werden außerdem getestet, indem man parallel zu dem *in situ*-Hybridisierungsexperiment eine zuverlässige Sonde (zum Beispiel eine hochrepetitive Sequenz) mit einem Kontrollpräparat hybridisiert, das diese Sequenz bekanntermaßen enthält.

Stringenz. Zunächst sollte man das *in situ*-Hybridisierungsexperiment bei geringer Stringenz durchführen (am besten so, daß 70–80 Prozent Homologie erforderlich sind), um die Bindung der Sonde an die Zielsequenz zu begünstigen. Unter diesen Bedingungen kann man die Signalstärke sowie den Grad der Hintergrundfärbung und der Kreuzhybridisierung mit unspezifischen Sequenzen ermessen. Durch eine Erhöhung der Stringenz bei der Hybridisierung und den folgenden Waschschritten entfernt man nicht nur unspezifisch und schwach gebundene Sonden, sondern vermindert oft auch die Signalstärke. Bei nichtradioaktiv markierten Sonden kann man das Signal zum Ausgleich verstärken.

DNA-Denaturierung. Wenn trotz einwandfreier Sonden und Nachweissysteme kein *in situ*-Hybridisierungssignal sichtbar ist, liegt das wahrscheinlich an den Bedingungen der DNA-Denaturierung. Chromosomale DNA läßt sich nur unter ganz bestimmten Bedingungen vollständig denaturieren (Abschnitt 5.3). Sowohl die DNA-Sequenz als auch die Bindung von Proteinen an die DNA beeinflussen den Erfolg der Denaturierung.

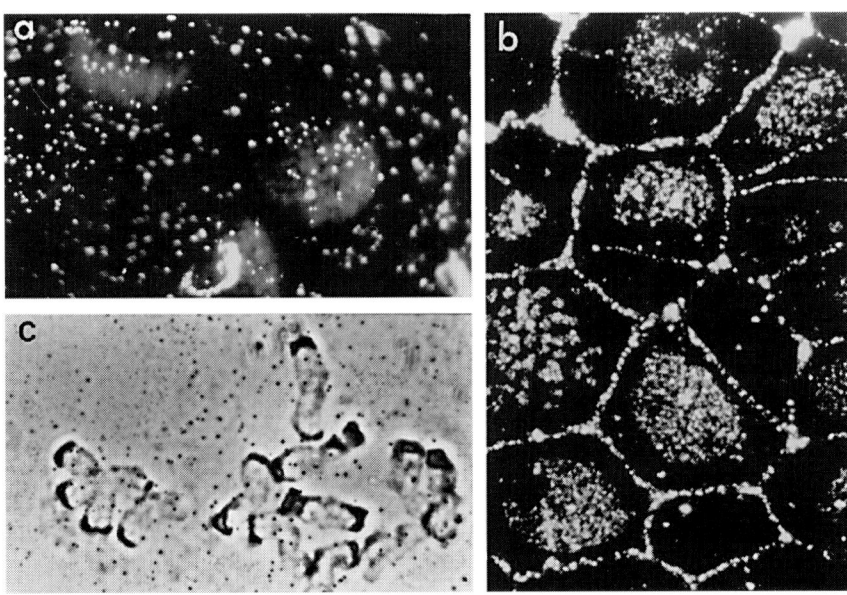

8.1 Fehlersuche – Probleme bei der *in situ*-Hybridisierung. a) Hybridisierung einer digoxigeninmarkierten Sonde mit Zellkernen aus Wurzelspitzen; Nachweis mit Fluorescein. Die Signale erscheinen als helle Flecken in mehreren Brennebenen. Demnach ist entweder die Sonde präzipitiert und hat gar nicht hybridisiert, oder das Präparat ist mit einer dicken Schicht Cytoplasma oder Schmutz überzogen, an die die Sonde oder die Nachweisreagentien unspezifisch gebunden haben. b) Hybridisierung einer biotinmarkierten Sonde mit einem Wurzelspitzenschnittpräparat; Nachweis mit Texas Red. Die *in situ*-Hybridisierung erfolgt in erster Linie in Zellkernen und an Zellwänden, obwohl die Sonde nur im Zellkern hybridisieren sollte. Eine Bindung der Sonde an unspezifische Sequenzen und an nucleinsäurebindende Moleküle läßt sich reduzieren, indem man der Hybridisierungsmischung einen Überschuß an unmarkierter Nucleinsäure, die nicht mit der Sonde verwandt ist, zufügt. Schwach gebundene Sonden entfernt man durch Erhöhung der Stringenz bei den Waschschritten. c) Hybridisierung einer biotinmarkierten Sonde mit Roggenchromosomen; Nachweis mit DAB. Das *in situ*-Hybridisierungssignal ist zwar, wie erwartet, am Ende der Chromosomen lokalisiert, wird aber durch DAB-Präzipitate im Hintergrund beeinträchtigt. Die Ursache können unbrauchbar gewordene Nachweisreagentien, eine überhöhte Hydrogenperoxidkonzentration bei der DAB-Präzipitation oder endogene Peroxidasen im Präparat sein. Die Chromosomen wirken außerdem aufgebläht und leer – vermutlich eine Folge übermäßiger Denaturierung, die zum Verlust chromosomaler DNA führt.

Bei unzureichender Denaturierung trennen sich die Zielsequenzen nicht in Einzelstränge, und die Sonde kann nicht mit der DNA *in situ* hybridisieren. Andererseits führt eine übermäßige Denaturierung zu DNA-Verlusten. Eine zu starke Denaturierung zeigt sich meist deutlich nach der *in situ*-Hybridisierung daran, daß die Chromosomen zerrissen und leer aussehen (Abbildung 8.1c). Wenn die Chromosomengegenfärbung (zum Beispiel DAPI; Abschnitt 8.1) nur mäßig ist und schwache oder gar keine *in situ*-Hybridisierungssignale auftreten, sind dies Hinweise auf eine übermäßige Denaturierung der chromosomalen DNA.

8.10.2 Starker Hintergrund/unspezifische Hybridisierung

Man kann den Hintergrund nicht nur durch Erhöhung der Stringenz verringern; auch entsprechende Vorbehandlung der Präparate, zusätzliche Waschschritte oder die Zugabe unmarkierter Nucleinsäuren in das Hybridisierungsgemisch versprechen Erfolg. All diese Verfahren können einzeln oder kombiniert angewendet werden.

Verbesserte Vorbehandlung (Abschnitt 3.4). Beim Nachweis von DNA-Sequenzen (vor allem bei stark exprimierten Sequenzen) ist der Abbau von RNA mit RNase ein wichtiger Vorbehandlungsschritt, da die RNA erheblich zu Hintergrundsignalen beitragen kann. Zur Entfernung von Cytoplasmaproteinen verstärkt man die Vorbehandlung mit Pepsin beziehungsweise Proteinase K.

Eine Acetylierung von Aminogruppen verringert die unspezifische elektrostatische Bindung der Sonde. Durch Acetylierung inaktiviert man endogenes Biotin, das bei Verwendung biotinylierter Sonden stört.

Vermehrtes Waschen. Hintergrundsignale lassen sich reduzieren, indem man Zahl und Dauer der Waschschritte erhöht (sowohl nach der Hybridisierung als auch im Rahmen der Nachweisreaktion) oder indem man den Waschlösungen stärkere Detergentien zusetzt (zum Beispiel Triton X-100). Dabei ist jedoch Vorsicht geboten, damit das Präparat nicht durch übereifriges Waschen beschädigt wird.

Entfernung „klebriger" unspezifischer Bindungsstellen. Wenn sich das Hintergrundsignal weder durch Erhöhung der Stringenz noch durch Verbesserungen bei der Vorbehandlung oder den Waschschritten beseitigen läßt, ist das Problem möglicherweise auf eine unspezifische Bindung der Sonde oder der Nachweisreagentien an Teile des Präparats zurückzuführen. Um dies zu überprüfen, führt man ein Kontrollexperiment ohne markierte Sonde durch.

Die Wirkung sondenbindender Moleküle, die erheblich zur Hintergrundmarkierung beitragen können (Abbildung 8.1b) läßt sich durch einen Überschuß unmarkierter DNA (zum Beispiel Lachssperma-DNA bei einer DNA:DNA-*in situ*-Hybridisierung) oder Zugabe von tRNA (bei einer RNA:RNA-*in situ*-Hybridisierung) im Hybridisierungsgemisch abschwächen.

Nachweissysteme für nichtradioaktiv markierte Sonden basieren auf Antikörpern oder (Strept-)Avidin (Abschnitt 6.2). Eine unspezifische Bindung dieser Moleküle an das Präparat wirkt störend und läßt sich durch eine konzentrierte Proteinlösung (zum Beispiel BSA oder Nullserum), die diese „klebrigen" Stellen abdeckt, vermindern. Unter Umständen hilft es auch, die Konzentration der Nachweisreagentien herabzusetzen.

Andere Markierung der Sonde. Wenn die oben beschriebenen Verfahren keine Abhilfe schaffen, sind vermutlich endogene Markermoleküle im Cytosplasma der Zelle die Ursache für das störende Hintergrundsignal. Vor allem endogenes Biotin bestimmter pflanzlicher oder tierischer Gewebe stört beim Nachweis biotinylierter Sonden. In diesem Fall lohnt es sich, auf eine andere Markierung auszuweichen (zum Beispiel Digoxigenin).

8.10.3 Scheckige Präparate

Fast jedes Präparat zeigt scheckige Ergebnisse nach der *in situ*-Hybridisierung. Diese Ungleichmäßigkeit entsteht vermutlich bei der Herstellung der Präparate, insbesondere beim Quetschen und Spreiten des Gewebes. Vor allem Cytoplasmareste in der Nähe von Chromosomen stören die *in situ*-Hybridisierung (Abbildung 8.1a). Möglicherweise verhindern Cytoplasmareste die Denaturierung der DNA oder versperren Sonde und Nachweisreagentien den Zugang. Zellspreitungen sollten daher so sauber wie möglich sein und nur wenig störendes Cytoplasma enthalten.

Die Ursache für scheckige Ergebnisse kann auch darin liegen, daß die Reagentien nicht gut gemischt wurden oder sich bei den Inkubationen Luftblasen unter dem Deckglas gebildet haben.

8.11 Kontrollen

Bei allen *in situ*-Hybridisierungsexperimenten sollte man Kontrollen durchführen. Um festzustellen, ob die Sonde spezifisch mit der Zielsequenz hybridisiert, bieten sich Northern- oder Southern-Blots an. Zusätzlich sind eine Reihe anderer Kontrollen möglich, die hier vorgestellt werden sollen.

8.11.1 Negativkontrollen

Man kann das Experiment ohne Sonde oder mit einer unmarkierten (kalten) Sondensequenz durchführen oder eine unabhängige Sequenz als Sonde verwenden, die nicht im Präparat enthalten ist. Bei einer RNA:RNA-*in situ*-Hybridisierung bietet sich eine Hybridisierung mit dem codierenden Strang, der durch eine *in vitro*-Transkription gebildet werden kann (Abschnitt 4.2.2), als besonders überzeugende Negativkontrolle an (Abbildung 2.7e).

Bei einer DNA:DNA-*in situ*-Hybridisierung kann man die Zielsequenz im Präparat durch DNasen abbauen. Diese Kontrolle wird allerdings so gut wie nie durchgeführt. Eine vergleichbare Kontrolle für RNA:RNA-*in situ*-Hybridisierungen, nämlich die Behandlung des Präparats mit RNase, empfiehlt sich nicht, da sich die RNase nur schlecht inaktivieren läßt und unter Umständen die Sonde abbaut.

Als weitere Kontrolle kann man die Sonde mit einem Präparat hybridisieren, das die Zielsequenz sicher nicht enthält.

8.11.2 Spezifität der Sonde

Durch mehrere Experimente bei unterschiedlicher Stringenz kann man die Stärke und die Spezifität des Hybridisierungssignals ermessen (Abschnitt 5.2, Abbildung 2.1h). Bei RNA:RNA-*in situ*-Hybridisierungen kann man zudem verschiedene Abschnitte der cDNA getrennt als Sonden einsetzen. Jedes Fragment sollte dasselbe Ergebnis liefern.

8.11.3 Positivkontrollen

Als Beweis dafür, daß Denaturierung, Hybridisierung und Nachweisreaktion erfolgreich waren, sollten auch positive Kontrollen durchgeführt werden. Bei einer DNA:DNA-*in situ*-Hybridisierung bietet sich dafür der Nachweis einer zuverlässigen, markierten hochrepetitiven Sonde an.

Bei einer RNA:RNA-*in situ*-Hybridisierung sollte in allen Zellen ribosomale RNA nachweisbar sein, damit man sicher ist, daß RNA im Präparat vorhanden ist und die Zielsequenzen zugänglich sind (Abbildung 2.7f). Vor allem beim Nachweis differentieller Genexpression ist eine solche Kontrolle wichtig. Falls eine Mutante zur Verfügung steht, die das gesuchte Gen nicht exprimiert, kann diese als Kontrolle eingesetzt werden.

8.12 Sicherheit

Unter den Chemikalien für die *in situ*-Hybridisierung sind viele giftige, karzinogene oder allergieauslösende Stoffe. Vor Gebrauch sollte man sich anhand von Beipackzetteln, Etiketten und Chemiehandbüchern gründlich über die Gefährlichkeit der Substanzen und geeignete Schutzmaßnahmen informieren.

Sicheres und sauberes Arbeiten im Labor sollte selbstverständlich sein (zum Beispiel das Tragen von Laborkittel und Handschuhen und das Arbeiten unter dem Abzug bei gefährlichen Stoffen). Gefährliche Substanzen (zum Beispiel Paraformaldehyd, Fluoreszenzfarbstoffe, Diaminobenzidin) sollte man nur unter dem Abzug in der ungefähr benötigten Menge abwiegen und anschließend durch Zugabe einer entsprechenden Menge Flüssigkeit auf die richtige Konzentration einstellen. Beim exakten Abwiegen ist man der Substanz zu lange ausgesetzt.

Arbeitsschritte mit gefährlichen, flüchtigen Reagentien (zum Beispiel Formaldehyd, Formamid) sollte man, vor allem wenn diese erhitzt werden, nur unter dem Abzug durchführen. Der Umgang mit radioaktiven Stoffen erfolgt unter Beachtung der Sicherheitsbestimmungen in besonders eingerichteten Isotopenlabors.

9.

In situ-Hybridisierung: Ein Ausblick in die Zukunft

Immer häufiger werden wichtige biologische Fragestellungen mit Hilfe der *in situ*-Hybridisierung untersucht. Bereits jetzt hat diese Technik viel für die Zellbiologie und Cytogenetik geleistet (etwa bei der Entschlüsselung des menschlichen Erbguts im Human Genome Project). Die Anwendungsbereiche werden noch weiter zunehmen. Die vielfältigen hier vorgestellten Möglichkeiten (zum Beispiel elektronenmikroskopischer Nachweis, Mehrfachmarkierungen) werden mehr als bisher genutzt werden, vor allem beim *in situ*-Nachweis von mRNA. Möglicherweise wird die Durchflußsortierung von Zell- und Chromosomensuspensionen im Anschluß an eine *in situ*-Hybridisierung ein wichtiges Werkzeug der Zellbiologie und der medizinischen Diagnostik. Auf diese Weise könnte man Millionen von Zellen oder Chromosomen analysieren und mit großer Genauigkeit statistisch aussagekräftige und quantifizierbare Ergebnisse gewinnen. Die Sonden, die man mit dieser neuen Methode fortlaufend erhalten würde, könnten wiederum für andere Fragestellungen eingesetzt werden. PCR-Methoden werden für *in situ*-Anwendungen angepaßt. Mit diesen Techniken wird man wahrscheinlich Sequenzen lokalisieren können, die nur in wenigen Kopien vorkommen, schwer zu klonieren oder nur durch wenige Basen definiert sind (zum Beispiel Mikrosatellitensequenzen).

Für routinemäßige Reihenuntersuchungen sind noch Verbesserungen erforderlich. Es gibt bereits Computerprogramme, die bestimmte Strukturen (zum Beispiel Chromosomen) auf Objektträgern erkennen können und dem Wissenschaftler damit stundenlanges Suchen ersparen. Immer mehr fertige Sonden und komplette *in situ*-Hybridisierungssysteme ermöglichen einen routinemäßigen Einsatz dieser Technik in diagnostischen Laboratorien.

Ständig werden neue, vielfältiger verwendbare Nachweissysteme und verbesserte Methoden für Mehrfachmarkierungen entwickelt. So kann man etwa manche Sequenzen als Marker nutzen (ein Lambda-Größenmarker bei

Southern-Hybridisierungen), und gleichzeitig andere Zielsequenzen genau lokalisieren. Mit zunehmendem Wissen über den Einfluß der Stringenz, liefern *in situ*-Hybridisierungen auch interessante Informationen über die Sequenzen innerhalb der Sonde und charakterisieren gewissermaßen die Sonde selbst.

Mit Hilfe von *in situ*-Hybridisierungen konnten bereits grundlegende Erkenntnisse darüber gewonnen werden, wie sich zelluläre Vorgänge gegenseitig beeinflussen, wie Sequenzen organisiert sind und wie sie transkribiert, gespleißt und transportiert werden. Diese Ergebnisse werden auch in der Zukunft viele Forschungsbereiche beeinflussen und unweigerlich zu neuen, unvorhersehbaren Anwendungen führen.

Anhang

Bezugsquellen für Reagentien

Reagentien erhält man bei vielen verschiedenen Herstellern. Die Autoren verwenden in der Regel Reagentien der unten angegebenen Firmen.

Amersham Buchler GmbH, Gieselweg 1, 38110 Braunschweig, Tel: 05307/930-0.

Boehringer Mannheim GmbH, Biochemica, 68298 Mannheim, Tel: 0621/759-8545, 0130/2226

Enzo Diagnostics Inc., 325 Hudson Street, New York, NY 10013, USA.

Gibco BRL, Dieselstr. 5, 76344 Eggenstein, Tel. 0721/780444.

Pharmacia Biotech GmbH, Munzinger Str. 9, 79111 Freiburg, Tel: 0761/4903-0.

Promega, über Serva Feinbiochemica, Carl-Benz-Str. 7, 69115 Heidelberg, Tel: 06221/502-0.

Sigma, Grünwalder Weg 30, 82039 Deisenhofen, Tel. 0130-5155.

Stratagene GmbH, Im Weiher 12, 69121 Heidelberg, Tel: 0130-840911.

Vector Laboratories Inc., 30 Ingold Road, Burlingame, CA 94010, USA.

Im einzelnen wurden Produkte wie folgt bezogen:

Restriktionsenzyme
Boehringer Mannheim GmbH (siehe oben); Calbiochem, 65812 Bad Soden, Tel: 06196/63955; Yakult Pharmaceutical Ind. Co. Ltd, 1–19 Higashi Shinbashi Minato–Ku, Tokyo 105 Japan.

biotinylierte Nucleotide
Enzo Diagnostics Inc; Sigma; Gibco BRL (siehe oben).

fluoreszenzmarkierte Nucleotide
Amersham Buchler; Boehringer Mannheim (siehe oben).

radioaktiv markierte Nucleotide
Du Pont de Nemours GmbH, 63303 Dreieich, Tel: 06102/185430; Amersham Buchler (siehe oben).

pGem Z, in vitro-Transkriptionssysteme
Promega (siehe oben).

Vektor pBluescript II
Stratagene (siehe oben).

DNA-Markierung: Enzyme, Nucleotide und Systeme
Enzo Diagnostics Inc; Gibco BRL; Boehringer Mannheim; Amersham Buchler (siehe oben).

Systeme für chemische Markierungen
FMC, über Biozym Diagnostic GmbH, 31833 Oldendorf, Tel: 05152/2075; Flowgen Instruments Ltd, Broad Oak Enterprise Village, Broad Oak Road, Sittingbourne, ME9 8AQ, UK.

Digoxigenin-System
Boehringer Mannheim (siehe oben).

Avidinkonjugate (fluoreszenz- und enzymgekoppelt), biotinyliertes Anti-Avidin, Nullseren, Vectabond, Vector Red
Vector Laboratories (siehe oben).

Goldkonjugate
British Biocell International, Ty-Glas Avenue, Llanishen, Cardiff, UK; Amersham Buchler und Boehringer Mannheim (siehe oben).

sekundäre Antikörper
Dako Diagnostic, Am Stadtrand 52, 22004 Hamburg, Tel: 040/6937026.

Antibleichmittel
Vector Laboratories (siehe oben).

Glutaraldehyd, EM-Reagentien einschließlich Farbstoffe, Drahtgitter und Trägerfilme
Taab Laboratories Ltd, 40 Grovelands Road, Reading, Berkshire, UK; Agar Scientific LTD, 66a Cambridge Road, Stansted, Essex, CM24 8DA, UK.

LR White-Acrylharz (medium grade)
The London Resin Co., Ltd, PO Box 34, Basingstoke, Hampshire, RG21 2NW, UK; Taab Laboratories (siehe oben).

programmierbarer Heizblock
Cambio, 34 Millington Road, Cambridge CB3 9HP, UK. Perkin-Elmer Applied Biosystems GmbH, Brunnenweg 13, 64331 Weiterstadt, Tel: 06150/101-0

Einbettmedium für Gefrierschnitte (Tissue Tek)
Agar Scientific (siehe oben).

Anbieter von *in situ*-Hybridisierungssystemen

Amersham Buchler (siehe oben).

R&D Systems Europe Limited, 4–10 The Quadrant, Barton Lane, Abingdon, Oxon, OX14 3YS, UK.

Cambio (siehe oben).

Genetrix, 6401 East Thomas Road, Scottsdale, AZ 85251, USA.

Gibco BRL (siehe oben).

Imagenetics, PO Box 3011, Naperville, IL 60566-7011, USA.

Integrated Genetics IG Laboratories Inc., One Mountain Road, Framingham, MA 01701, USA.

Oncor, 209 Perry Parkway, Gaithersburg, MD 20877, USA.

Stratagene (siehe oben).

Lösungen

Häufig verwendete Lösungen:

1. $20 \times$ SSC; pH 7,0:
   3 M NaCl
   0,3 M Na-Citrat.

2. 4 × SSC/Tween:
   4 × SSC mit 0,2% (v/v) Tween 20.

3. 1 × PBS; pH 7,4:
   120 mM NaCl
   7 mM Na_2HPO_4
   3 mM NaH_2PO_4
   2,7 mM KCl.
   (von Sigma als Fertigmischung erhältlich).

4. Tris/HCl:
   Trizma-Base entsprechend der gewünschten Molarität in 3/4 des Endvolumens ansetzen, pH-Wert mit 32% HCl einstellen und mit Wasser auffüllen.

5. 100 × TE; pH 8,0:
   1 M Tris/HCl; pH 8,0
   0,1 M EDTA; pH 8,0.

Index